THE STORY OF MAN'S MIND

统治世界的是心理学

〔英〕乔治·汉弗莱 著
郭本禹 王国芳 译 邵迎生 审校

江苏人民出版社

图书在版编目（CIP）数据

统治世界的是心理学 /（英）汉弗莱著；郭本禹，王国芳编译. —南京：江苏人民出版社，2015.8
ISBN 978-7-214-16204-5

Ⅰ. ①统… Ⅱ. ①汉… ②郭… ③王… Ⅲ. ①心理学—通俗读物 Ⅳ. ①B84-49

中国版本图书馆CIP数据核字（2015）第170972号

书　　名	统治世界的是心理学
著　　者	【英】乔治·汉弗莱著
译　　者	郭本禹　王国芳
责任编辑	朱　超
装帧设计	胡椒设计
版式设计	书情文化
出版发行	凤凰出版传媒股份有限公司 江苏人民出版社
出版社地址	南京市湖南路1号A楼，邮编：210009
出版社网址	http://www.jspph.com http://jsrmcbs.tmall.com
经　　销	凤凰出版传媒股份有限公司
印　　刷	北京中印联印务有限公司
开　　本	710毫米×1000毫米　1/16
印　　张	14
字　　数	206千字
版　　次	2015年12月第1版　2015年12月第1次印刷
标准书号	ISBN 978-7-214-16204-5
定　　价	35.00元

人类通过天生的感官接收外界信息，并主要根据我们已有的经验储存，以这样或那样的方式来选择和解释这些信息，其中有些信息会产生行动，有些信息由于过去经验或先天遗传的提示，则不会引起行动。正是这些心灵运转的规律，统治着世上所有的人类。

目录
the Story of Man's Mind

第1章

本书的目的

人是万物的尺度，但万物也是人的尺度或主人。如果人凭其经验使自己成为世界的主人，他的所作所为仍然必须接受自然世界的指导。正是因为树桩太粗大，人才不得不使用炸药。

从前，有位古希腊人自称热爱智慧。他有一句名言，即人是万物的尺度。尽管普罗塔哥拉[①]生活在2500年之前，没有今日的奇妙事物帮助他去探究世界，但他得出的结论却与现代最伟大人们的结论有着惊人的相似。只不过今天我们是用完全不同的话语来表述，况且，我们还能看到他所不能看到的一些东西。

古希腊思想家所言的“人是万物的尺度”，这究竟意味着什么呢？

一位伟大的小说家曾描写过一位粗壮而坚强的人如何来到一片荒凉的地区，那里除了野生的动植物外，人迹罕至。对于人类而言，这片土地上的一切都是无用的、粗糙的和没有定形的。这个故事讲述了这个人如何使这片荒凉之地有了秩序，他如何砍下树木、围起栅栏，并使河流为他所用，供给他食物、饮水以及他想要的一切。然后，他带来一位女人，他们有了孩子，子女们帮助他使贫瘠的大自然进一步为他所用。他们逐步改造着这一穷乡僻壤。终于，凭

① 普罗塔哥拉（Protagoras，公元前481—约前411），古希腊哲学家。——译者注

借着双手和大脑的劳作，他们使大自然从主人沦为自己的奴仆。这本书就是《土地的成长》。大多数美国人都应该读一读，因为它描述了在这片荒凉的土地上，人的心智如何使自己成为主人。

这位作家可能将普罗塔哥拉的名言当作了自己的座右铭。

从前还有一位伟人，他对植物的生长方式颇有兴趣。同类植物为什么有的叶、茎短，而有的叶、茎长？他发现，任何特定植物的叶和茎的长或短，都取决于其亲本植物的叶和茎。后来，他又尝试观察子系植物和次子系植物的情况。对这些结果进行研究后，他发现他能够确定一种法则，用以预言每个物种在第4代、第5代或第20代将从其亲本物种中得到多少遗传。由于他的艰辛努力，我们现在才有了所谓的孟德尔①遗传法则。科学家们现在正用这些法则来探究，到底是什么决定着人类眼睛和头发的颜色。

人的心智确定了头发和眼睛色彩的法则。我们或许开始明白普罗塔哥拉说的“人是万物的尺度”到底意味着什么。

一位农民来到一片荒凉的土地上，对这儿的一木一石以及其他一切进行了改造，从而使之呈现一派明媚的景象。他耕耘土地，播种种子，收获使他能在冬季到来时悠然生活。如果没有大地，他就不能做这一切；而如果这位农民不去那里，那里则一如悠悠太古，仍是洪荒一片。他所做的一切就叫做他的行为。

但是，这只是故事的一半。

假如故事中的农民发现自己变了，那么他的行为也就必然不同。在下雨与天晴的日子里，在绵羊病了或大儿子结婚的日子里，抑或家中磨坊的拦河水坝决堤的日子里，他的所作所为都有所不同。在一定意义上说，他做什么都是被迫的。他不能创造环境，他只是使自己适应了环境，环境在某种程度上是他的主人。一位农民如果不想饿死的话，他就不会整天躺在床上。

这位农民对土地所做的一切，都是土地强迫他做的。

---

① 孟德尔（Gregor Johann Mendel，1822—1884），奥地利遗传学家。原为天主教神父，发现遗传基因原理，总结出分离定律和独立分配定律，提供遗传学的数学基础。——译者注

因此，普罗塔哥拉的名言只说对了一半。人是万物的尺度，但万物也是人的尺度或主人。如果人凭其经验使自己成为世界的主人，他的所作所为仍然必须接受自然世界的指导。正是因为树桩太粗大，人才不得不使用炸药。

现在倒是有很多人身处这位农民的情景时手足无措。每天都在银行里累加数字的职员，干不了这位农民所干的一切。他是在不同的生活环境中长大的。在这一生活环境中，他不必耕地、种植和剪羊毛。他能够平衡各种分类账目，但不能爆炸石头。如果他尝试去做，石头就可能落下并砸着他。当这位农民想要有人帮助他时，他会请有着相同经验的人，因为他知道，一个人无论多么聪明，如果没有经验的话，在那种情况下仍然是帮不上什么忙的。正是农民的经验保证他能在土地上耕种。他必须学会做农民，他在农田中长大并通过观察已经学会。相应地，那位职员也必须有做自己工作的经验。

因此，为了理解一个人如何对所处的环境发生作用，使自己成为主人，就必须找到他的生活经历和经验是什么，因为那将告诉我们他最适合做的工作是什么。

要完全理解行为，我们必须阐明经验。

但这还不够。可以想象一个农民富有必需的经验，但他仍不能对付贫瘠的土地所提供的环境。也许他过于急躁，不愿等待多年之后才看到劳动的果实；也许他不能勇敢地忍受每一个与土地打交道的人都会遭遇的寒冬或雨季；也许他不愿把自己同他人隔离；他也可能太懒散或懦弱。在所有这些情况中，他的那个被称作人格的东西也许不太适合他身处的这种特殊的环境。《土地的成长》一书的作者描绘的这个人具有其他人的所有优点，但他仍不能成功地耕种他的农田。

因此，人格是我们能够完全理解一个人的行为之前所要说明的另一个东西。

这样，本书将要阐述三大内容，即行为、经验和人格。人的行为乃是人将自己的意愿施予环境时的所作所为。经验是人所经历和习得的一切，它有助于为人的适当行为提供动力。人格，正如我们在此已使用过的这个术语，是使一个人能够恰当地适应其环境的所有其他东西。

这三个内容主要涉及他人眼中的人的行动。我们也将尝试着从一个行动着的人的角度来理解生活，因为这一点也是重要的和有意义的，尽管有些人可能忽视了它。

第2章

人类之前

假如在这同一世界上居住着20种依赖不同的感官而生存的生灵，那我们将很难根据它们的描述断定它们谈论的是同一宇宙。

第一节　水母能思维吗

读者试想一下，做一只生活在死水中的水母似的小动物，会是什么滋味？这些小动物中有一种叫做变形虫，其名字来自希腊语，是变化的意思，因为它能够把自己变成各种形状。为了使我们设身处地地体验变形虫的生活，我们必须想一想那种没有眼睛和耳朵，也没有触觉、嗅觉和味觉的生活，因为变形虫是一个没有任何器官的微小的单细胞水母。一切来自身体内部的感觉，如来自胃部、肺部、心脏和脉搏的感觉，以及那些与人们愤怒或激动时所产生的情绪相似的东西，都不存在。剩下的只是朦胧而模糊的触觉，与你我接触到一本书并知道它是一本书的触觉不同，这种触觉类似于我们在半睡半醒时触到一种东西，并因某种模模糊糊的不舒服感而把手拿开时的感受。作为一只变形虫，我们现在生活在水中，当水流携带着我们到达一处温水或其他稍有不同的水域，我们还会做出人类有时所做的那种动作——缩回去。

但是，有一种事情是变形虫能做而我们人类却不能做的。如果光线落到变形虫的身上，尽管它没有眼睛，但不知为什么，它却能知道并会远移而去，因为它不喜欢光。它就好像那种能够接触到光线的动物。但是，有时它似乎是遇到了令其开心的东西，于是向它们伸出了触手。因此，当食物漂到它的附近，或者当它自己经过一个易于蠕动上去的小硬物时，它就能靠上去。

当变形虫遇到食物时，最有趣的事情就发生了。变形虫没有嘴可用来吞咽食物。所以，许多人假设把自己变成了这些小动物的话，便会不知如何将食物弄进肚子。

事实上，变形虫是把食物包裹起来吞食的。它伸出触手环绕住食物，并慢慢靠近。变形虫的身体无论哪一部分碰巧先触到食物，都没有什么不一样。在任何情况下，无论是它的前部还是后部碰到了食物，这个小不点儿的生物都会覆盖上去并将之消化掉。

因而，这些就是变形虫面对它的世界所能做的三件事：避开它不喜欢的东西，靠近它喜欢的东西，把食物包裹起来。但是它并不总是像我们看到的那样为了特殊的目的而移动。有时它只是在它居住的固体表面上漫无目的地蠕动着。变形虫的动作是这样进行的：它先伸出一片胶状物质，固定在物体表面上，然后把身体的其他部分拖过去，就像水手一节一节地爬绳子一样，又像一个人在用手划水游泳。当然，变形虫的样子只不过是每动一下就要伸出一只新触手，然后在动作结束时再收缩进体内。如果水流把它从物体旁冲走，变形虫则会毫无目的地再伸出一只触手，直到触到某个物体，然后不管三七二十一地把自己拖上去。

比起人类的行为来，这种小动物的行为真是简单极了。一个儿童或一个成人可以做无数的事情，而变形虫却只能做很少的几个动作。相对而言，展现在这个小生物眼前的世界也就简单得多了。正因为其动作少得可怜，因而其世界也仅仅是一个大玩意儿，其中包含着那些可以让它爬来爬去或者可以吃掉的东西，还包括那些可以牢牢托住它的东西。

对变形虫来说，世上只有六种不同的东西。

有些人坚决不相信变形虫会和我们人类一样存在着思维和意识。他们说，变形虫的所有动作都具有自发性，就像无意识地眨眼皮一样。但这一点是无法证明的，事实上，有人曾说过，和人类怀疑变形虫的意识一样，变形虫也同样有权利怀疑人类意识的存在。我们似乎有理由假设，正像这些简单的生命形式有简单的行为一样，它们也有简单的意识形式，或用惯常的说法，有着简单的思维。

但是，根据上面的描述可以看出，这类小动物的思维与人类的思维相比，远非那么复杂，其差别远远大于人类制造的任何两件东西如玩具铲子与战舰之间的差异。人类根本无法与自然的多样性相匹敌。

要明了人的心智和变形虫可能具有的心智之间的差异，最好的办法是想一想他们躯体上的差异。一个是复杂无比，无数个部分为着整体而运作：有用来

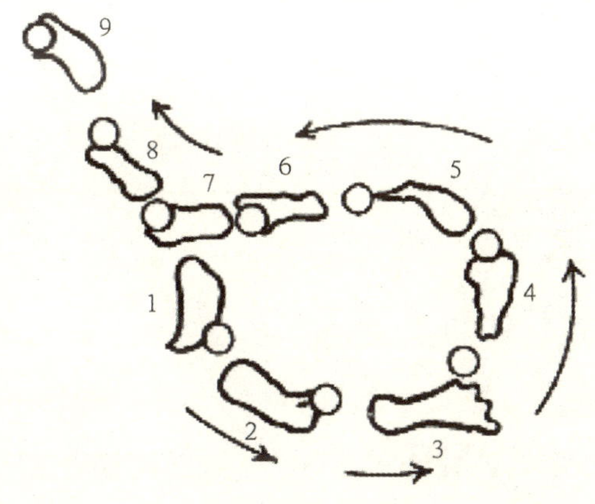

食物的消失

图中显示一只微小动物在觅食。变形虫是一种微小的有机体，由小得肉眼看不到的单个胶状物构成，生活在温水中，如池塘的死水和类似的地方。图中的变形虫正在捕捉小小的球状食物。要吃到它是不容易的，因为每次刚一触到，它就滚开了。因而在詹宁斯教授的观察中，我们看到，这个小动物伸出触手并滚动着身体来追逐食物。有两三次（图中位置4、6、9），变形虫把身体包围上去，差一点儿就要捉到食物了，而每次又被它滑掉了。结果，由于另一个小东西把水搅动起来，食物突然被水冲走了。变形虫历经15分钟的辛苦，结果不得不放弃这次觅食。图中位置3和5很好地说明了触手的形成。本图取自詹宁斯教授绘制的一幅图，他目睹了变形虫的觅食过程。

吸收食物并将其转化为合适的物质滋养身体的器官，有特别适于移动躯体的肌肉，有接收来自外界和身体内部信息的各种器官，还有在身体各个部分进行信息交流的精细的神经系统。而另一个则无定形，是一团变化无常的胶状物，小得用肉眼看不见，简单得没有部分之分，至多能做五六个动作。

以这样一种形体存在肯定是单调乏味的。它们也许存在着与外界极少数几种可辨识的事物相联系着的意识的躁动，然而这种意识微弱且断断续续，因而它们可能只有一种指向愉快和不愉快的微弱的感觉，它只是在变形虫移向或离开一个东西时才会产生。至于由过去的记忆构成的思维，或来自经验的意识，变形虫一概不存在——它只是一个生活在温水中的混沌而惰性的生物，偶尔有迟钝的觅食活动，只在那时，朦胧的意识之光才会偶尔闪烁一下。至此，我们已经说完了有关变形虫生活的痴人梦语。

当然，这并不是我们大家熟知的水母，对此，读者可能已想到了。海边常见的水母具有更为复杂的特性。实际上，它并不具有我们所说的神经，却拥有躯体器官和较复杂行为的萌芽，因而在某种程度上，它的意识比变形虫更高级，但仍然绝对无法与我们所了解的东西相比拟。或许，美杜莎[①]（人们常常以此称呼水母）会将变形虫当作一种低级的生命形式而加以藐视，如果它确能这么做的话。然而，二者与我们之间的悬殊是如此之大，我们几乎难以想象这两种生物可能具有的意识状态之间的差异。按照莎士比亚的说法，水母和变形虫简直是难分彼此的。

现在，问题的答案就显而易见了。“水母会思维吗？”如果思维意味着估量环境并据此决定正确的行为，那么，水母或变形虫肯定是不会思维了。因为它只能做极少的一点事，而且只有当它遇上合适的刺激物时才做，也就是说，引发行为。

如果思维意味着记忆或想象，水母同样也没有思维。

然而，如果你把对周围世界作无限简单的了解，以及对某些东西感到愉快而对另外一些东西感到不愉快这样一些朦胧的感觉称作思维的话，那么水母的

① 美杜莎（Medusa），又译墨杜萨，希腊神话中的三大蛇发女妖之一。——译者注

确可能拥有相当原始的和单向的思维。

这就是我们所能认为的水母的思维，尽管学者们也许会给它起一个不同的名称。

第二节 蚂蚁的心智

当我们谈及蚂蚁之类的昆虫时，实际上正涉及更高级也更复杂的动物。这种动物四处乱跑，寻找食物，而不必等待机会漂向可吃的东西。它能够储备食物预防严寒，能够保护同巢中的其他蚂蚁，还能向来犯者开战；它能表示愤怒和恐惧，能为自己建造结构复杂的城堡，有时甚至还能自己生产食物，把同类当牛马使用，拥有自己的奴隶。

许多作者都曾描写过，不同种类的蚂蚁其行为也千差万别。在此，我们不打算重复已有的精彩描述，只想问一下："在所有这一切的背后是否有心智存在？"如果有，又是如何起作用的呢？

首先，有许多人就像看待变形虫一样，认为蚂蚁完全没有意识。他们声称，蚂蚁的行为就像一部机器，一出生就上足发条，然后不停地运转直到死去。但是，如果我们相信，像变形虫这样的小生物还有简单的心智的话，定会理所当然地认为蚂蚁具有几近人类心理能力的某种意识。然而这并不正确，因为，蚂蚁只是在许多方面与人类的行为相似，它们运用与人类同样的方式来做事。

举例来说，蚂蚁将食物搬回巢穴以度严冬，但这并不表明它具有寒冷将至的意识。一位法国诗人曾描写过一只整个夏天都在引吭高歌的蝈蝈，北风吹来时，蝈蝈去找蚂蚁乞求食物。

"不行，"蚂蚁回答道，"你过去唱歌，现在跳舞吧。"

当然，这是世人对待艺术家的方式。蚂蚁被人指责为伪善，我倒是很乐意为它开脱。可以十分肯定地说，蚂蚁并非因为辛勤劳作而具有勤劳品质，它并不能因为终日的紧张劳动而受到表扬，如同你我不能因为肠胃消化食物时的辛勤劳动抑或指甲的勤奋生长而受表扬一样。从来没有人听说过，一个被老师指责为懒惰十足的男孩会回答说：“但是你看我的头发在多么勤奋地生长啊。”如果他这样回答，只能被认为是极不严肃。

但是这些却被理所当然地说成，蚂蚁是勤劳的，抑或蜜蜂是忙碌的。

我们很难说蚂蚁具有勤劳的美德，尽管这可能让那些教导稚童的人们相当失望。“去向蚂蚁学学，你这懒鬼！”假如本书读者受到这样责骂的话，那么他可以坦然地回答，蚂蚁的勤劳是一种条件反射现象，这就够了。

事实上，蚂蚁的大多数活动是漫无目的的，正如人跌落水中时是不会首先想到“我一定要拼命爬上去”，而往往是先挣扎。即便有什么想法，也是后来产生的。同样，当人吃东西或清晨穿衣时，无需对所做的每件事思前想后。蚂蚁以及其他所有的昆虫，都是习惯性地从事每日大部分的活动。不同的是，人类穿衣服的习惯是习得的，而蚂蚁梳妆打扮的习惯则是从其祖先那里继承而来的。

这种遗传而来的习惯称作本能，如果有人希望了解蚂蚁是如何碰巧做了某事，结果使得其后代免却了学习的麻烦，那么他只好另请高明了，但是，事实是不会改变的。

这就接触到了昆虫和人类之间的巨大差异。昆虫的绝大部分行为是以习惯的方式进行的，而即使是这种习惯的方式也不是这种昆虫习得的。我们自己的许多行为，正如我们将在后面某章中所见，尽管也以习惯的方式进行，但绝大部分是我们自己习得的。人类不断地试图摆脱由习惯形成的常规，这正是我们人类的骄傲。而昆虫即使因为某种无法解释的原因，曾经稍微偏离由其祖先开辟的狭隘的习惯道路，似乎也只是朝向另一种新的习惯，驱使自己的后代纷纷踏上又一条相同的小径。

正如一位杰出的法国人所言，习惯不断地拖曳着自己的锁链，结果是越拉越长。这好比有一个人，某天忽然发现乳白色的香皂很适合自己的肌肤，从此，他和子孙们便永不使用其他香皂。

蚂蚁的心理生活中还有一桩怪事。在很大程度上，它的嗅觉起着人类视觉的功能。小孩子离家外出游玩，靠察看路上的景致记住回家的路。然而，蚂蚁离巢外出，却是凭借对所经之物的嗅觉记住了返程，犹如家犬一般。

然而，蚂蚁的嗅觉不同于人类或其他动物的嗅觉。它似乎有两只鼻子，每个触须的末端各一只。假设现在它迷路了，又碰巧走到一条它的同巢伙伴外出远征时经过的道路，那么它会立即知道同伴们奔何方而去。它所依据的正是人们所说的踪迹的“嗅觉形式”，在几条不同的道路中判断出走过的方向。以这种和你我通过察看一个人留在雪地上的脚印来作判断一样的方式，蚂蚁能够嗅测出已远去的同伴的方向。

因而可以说，蚂蚁的心智是一种“嗅觉心智”，正如我们主要是一种“视觉心智”一样。假如我们中的某人头脑更敏锐，比如说能够更准确地洞察未来，那么这样的人往往被认为有“眼力”。与同伴相比，一只蚂蚁若生性更棒，更能应付周围世界的话，那么，其他蚂蚁很可能称它更具“嗅力”。

就蚂蚁和变形虫而言，我们一直是根据行为来猜测其心智。就蚂蚁而言，它具有更为发达的感觉器官，并以此对外界环境作出反应。但是，这两种生灵又是相似的，它们都生活在这个世界，又都能根据所处的环境作出一定的反应。每种生物都是如此，能够对外界的某种事物作出反应。生命形式越高级（也就是说越接近于人类），能够从事的活动也就越困难、越复杂。人或其他生灵的心智是由其能够应付的环境来衡量的。

举例来说，在战争中，许许多多的人只能守卫一小段战线，然而某些人却能带领众人并指挥他们的行为。众人之首面临的一切远比那些受其领导的个体们的情境复杂得多，而总司令所面临的情境则是最困难、最复杂的。

当一名自管自的小兵并不需要很高的心智。但是，能达到总司令那么高心智的人就寥寥无几了。

因此，可以说，心智是应付环境的行为能力。面临的环境越多、越复杂，生物的心智也就越高。如上所述，和所有的昆虫一样，面对力所能及的绝大部分事情，蚂蚁也是凭借从其祖先那里继承而来的习惯去完成的。而它所能做的事情的数量极为有限，因为它不能像我们那样改变习惯以适应环境的变化。尽管有些蚂蚁的所作所为令人叹为观止，但我们还是不能就此认定它们具有较高的心智。大自然早已把它们纳入预定的轨道，而它们则为那过分井然有序的生存付出了不可避免的代价。

在结束谈论蚂蚁之前，我希望你们想一想，那种主要靠嗅觉与外物联系的生物，展现在它眼前的世界是多么与众不同啊！在这样一个生灵看来，我们的世界是一个全然不同的地方。事实上，假如在这同一世界上居住着20种依赖不同的感官而生存的生灵，那我们将很难根据它们的描述来断定它们谈论的是同一宇宙。我们是多么地依赖自己的感官啊！

因此，蚂蚁的“嗅觉世界”使它成为一种怪秘的生灵。尽管如此，尚有他物使它更加秘不可测。它生活于其中的富庶的城堡，组织严密，但却像坟墓一般死寂，哪怕是最轻微的声音也打断不了它那生生死死、无休无止的劳作。但科学家告诉我们，作为补偿，蚂蚁可以发觉我们看不见的光线！至于它所做的那一切都是漫无目的地完成的，仿佛为某种盲目的强迫性力量所驱使。

说真的，这个奇怪的、貌似无意识的生灵，这个繁文缛节的管家婆，是多么令人敬佩啊！

第三节　狗能思维吗

也许，一只摇头摆尾、绕房乱转的狗，它所见到的东西，都好似黑白照片。绿树、蓝天和落日，在它看来只是一幅黑白水墨画；淡黄色的月光与白闪闪的日光在色彩上毫无二致；一群人就像一幅电影画面[①]；雨后的彩虹恰似一条既长又圆、黑白相间的浮云。

发现狗是色盲的过程很有趣。人们发现，给狗喂食的同时亮起一盏绿灯，不久狗就能识别，并把它看作喂食的信号。如果现在换成一盏相等亮度的红

① 此书写于20世纪20年代，当时只有黑白电影，还没有彩色电影。——译者注

灯，狗的反应和绿灯亮时一模一样：跃起并期待着喂食。不管训练多少次，都无法让狗分清同样亮度的红灯与绿灯，尽管它很容易就能分清任何色光的明暗度。对黄绿光和其他任何两种颜色的光线都是如此。

于是人们相信，狗无法看出色差！

猫也一样，它只能根据所看到东西的明暗度分出差别，就如同我们看电影一样。在颜色方面，猫和狗所看到的世界就是一种电影世界。

其次，狗和猫的世界与蚂蚁的世界一样，基本上是一个“嗅觉世界”，它们通过嗅觉辨认并记住事物。当你我走到一个十字路口时，会停下来，看一看，听一听；而狗和猫却是停下来，闻一闻，听一听。当我们走进一个房间，会四下瞧一瞧，看是否有东西被挪动过；而狗和猫则是四下闻一闻，看看是否有东西被挪动过。人可能永远无法理解狗眼中的“嗅觉世界”。如果我们想教小狗识认字母（就像我们大多数人在儿时所做的那样），那么狗会显得说不上来的慢和笨。但是，假若导盲犬要教我们横穿马路，那可怜的小狗会震惊地发现，自己的主人竟连那么明显的气味都闻不到。狗辨别气味的能力远在我们之上，因而据说，对狗的所有测验，我们几乎一项都通不过，就像盲人无法进行阅读测试一样。在这一点上，狗倒是可以来教我们。

思维的作用之一是帮助我们避开困难。让我们来看一看，当一只狗或猫面对简单的问题时都能做些什么。哥伦比亚大学著名教授桑戴克博士[①]曾经设置了几只箱子，它们可以通过某些简单的动作从里边被打开。把一只猫放进其中的一只箱子，并观察它试图逃跑时都做了些什么。食物就放在箱子附近，实验是在猫处于饥饿状态时进行的，因此没有惰性因素。

花猫骚动不安，它急切地希望逃出来。当然出口已检查过，大得足以使它逃出来。猫抓挠着杠杆，咬着，每次当它碰撞到任何“松动摇晃”之物时，它就继续努力。这样持续了大约十分钟左右。按照我们的看法，整个过程它都在急切地、很不明智地想逃出来。它只是对眼前之物做了它想做的一切，以此来逃离囚牢。尽管它有知有觉，但还是忽视了这样一个事实，即它的挣扎可能会

①桑戴克（E. L. Thorndike，1874—1949），美国心理学家。——译者注

将自己关得更死。

在经过无目的的、随意的动作之后，它最终逃了出来，并得到一盘美味的鱼食作奖赏。但是它的实验并未结束。一段时间之后，它又被放进箱子，不得不重复以前的动作来得到可口的鱼食。

猫第一次逃出是因为拉下了铁圈，铁圈就牢牢地钉在一个用螺栓固定的重物上。整个过程可能用了160秒，几乎接近3分钟。第二次放进去时，猫并未像儿童通常所做的那样直接奔向铁圈把它拉下来，而是不得不抓挠撕咬，过了半分钟才又找到开关。第三次则花了1分半钟。24次实验结束之后，它能够在7秒钟之内逃出，因此我们说它“学会了窍门”。

假若有人走进实验室，看到猫拉下铁圈逃出来，他会说：“多么聪明的一只猫啊。”然而即使如此，猫实际上还是很笨的。

直到如今，猫也不明白它做了些什么。它对引力定律或滑轮的工作原理一无所知。它所做的也就是，在它优雅的、覆盖着绒毛然而迟钝的大脑中，形成拉铁圈和逃跑之间的联系。而这一切足足费了它十多分钟艰苦且疲惫的劳动。现在，对箱子的视觉和嗅觉起着一种标志或信号的作用，令它将爪子穿入铁圈。如果是某种非理性的东西成为逃脱的信号，那么猫也乐得做出这种非理性的动作。比如，有时当猫用舌舔自己时才被放出。此时它既不慌乱，也不问“为什么”，很准确地学会了一进笼子就舔自己。

狗与猫相反，它们显得不愿费力去逃跑。它们的努力看上去是“温驯的”，因而很快放弃了挣扎，但它们还是以同样的方式完成了相同的任务，它们尝试了自己所知的每件事，因而最终箱子成为一个与某种活动相对应的简单信号。无论狗还是猫（即使是最聪明的），都不曾表现出对情境进行“思考”的迹象。所有的动物只是偶然简单地碰上了正确的方法，而在第二次时，这一模糊的记忆便缩短了又一次偶然碰巧所必需的时间。

这些著名的实验使我们很好地认识到狗之类的动物的“思维”特点。如果从观察环境并与以前相比较这一意义上看待思维的话，狗是没有思维的，它仅仅在它看到、听到或闻到的东西之间形成了联系。当联系出现时，它便做出某种行为，因而如果这也堪称思维的话，那狗的思维是即时性的。或许，和你我一样，它也有模糊的意识，只是太模糊了。使它开启行为的是事物而非思维，这就像“停止”的信号令驾驶员踩下刹车，而根本不考虑交警是否已去享用晚餐了。可能狗的大部分生活就耗费在做类似踩刹车一样机械的事情上。主人召唤，它就跑去，因为主人的声音已成信号。它的所有其他的行为都是对恰当的信号作出的反应，它的一生都是在服从一系列的信号中度过的。狗的世界是一个充斥了行动信号的世界，而不是一个充满着可以用于今天，用于昨天，也可以在明天再使用的***事物***[①]的地方。

狗和猫眼中的世界中可能没有多少事物。没有事物，思维也就不可能了。

第四节　金钱与生活

生命的众多形式都是与金钱相伴而行的，金钱是实在的，又是流动的，可以获利，可以立马用来干任何事。一个人的金钱越多，在商业活动中的作用也就越大。生活也是如此。它以众多的形态存在于我们的周围。经验是生活的资本。变形虫没有可资利用的经验储存，它什么都学不到，退一步说，只能学到一点点儿东西，它不能改变行为以适应变化着的环境。它可能会把毒物当美餐，一次，两次，假若能活下来的话，它还会吃第10次。它不能贮存经验以备将来之用。变形虫可称为一种心理浪费者。

如果说变形虫不能贮存经验的话，那么蚂蚁和昆虫们就是不懂得消费，因为它们无法变卖自己的债券[②]。蚂蚁就像一位信托资金的拥有者，这些资金由其祖先一代代地积累下来，每一代蚂蚁都明确规定了如何花钱。蚂蚁的经验就在那儿摆着，是由它的祖先为它贮存起来的，它却意识不到，它只能用它做很少

① 凡原文是斜体字，译文一律改为斜黑宋体，以示标志。下同。——译者注

② 此句以及下文中的某些词句都用来喻指，蚂蚁等昆虫是依据习性在生活，无经验可言。退一步而言，即使有经验存在，它们也不知道如何将这些经验转化为行为。——译者注

的几件事。它就像英国的上议院，“无所事事，却运转良好”。尽管蚂蚁的行为复杂、精巧，却全部是按照上千代之前的远古祖母所裁定的样式批量生产，由机器驱动的。蚂蚁的经验积累就像一个永久性的基金，为喂养一个鹦鹉之家或清扫一座纪念碑而设立。蚂蚁还是能做几件事的，但不能适应变化，不能变卖它从信托资金的开创者那里继承来的财产——丰厚的经验。蚂蚁是心理的法庭监护人。

狗之类的动物，在某种程度上确实有利用过去经验的能力，它能够以某种初级且乏味的方式学习。这意味着它的行为能适应周围的条件。确实，我们在下文将会看到，关于学习的最缜密、最精确、可能也是最基本的实验，是以狗为被试者的。但是，狗的学习能力微乎其微。狗改变行为适应外界环境的能力，与人类无可估量的学习能力不可同日而语。就像小孩子积攒硬币一样，它的那点儿经验积累真是少得可笑。它得一分一分地积攒，苦心积累，令智者哀容。狗把经验贮藏于心理的储蓄罐中。

只有人才是我们遇见的这样一种生灵：他能够以其过去的经验不断改变行为以适应周围环境的变化，能够马上“变卖”自己的经验贮存，能够理智地使用心理资本。至于他何以能做到这些，且听下文分解。

为宝贝拉上窗帘吧！

第3章

婴儿

想想身体急速旋转以至什么都无法辨清的感觉，再想象一下从肃穆的教堂出来置身喧闹街头的那种感觉，想象一下新牙刚刚长出时那种不寻常的感觉，想想那历经数月挥之不去、令人沮丧又百无聊赖的混乱！正是这种混沌成了我们每个人在呱呱坠地后的数月中的世界。

第一节　婴儿是怎样构筑自己的世界的

对新生儿来说，世界是个新奇的地方。

想想身体急速旋转以至什么都无法辨清的感觉，再想象一下从肃穆的教堂出来置身喧闹街头的那种感觉，想象一下新牙刚刚长出时那种不寻常的感受，假如某种类似的新感受遍布周身，感觉又是如何？想想手肘末端的青肿引起的疼痛，加上三周的病痛之后翻身起床时肌肉和肢体所产生的陌生感。让这种种感觉汇集于一身。想想吧，那历经数月挥之不去、令人沮丧又百无聊赖的混乱！这使我们对那种强烈、广泛而又“激增的混沌”有所了解，正是这种混沌成了我们每个人在呱呱坠地后的数月中的世界。

婴儿并不知道某种感觉就意味着“手部的疼痛”。它[1]只知道这世界出了点儿问题，但却不能确定问题出在哪里，所以它只能以力所能及的行为作出茫然的反应，希望问题能碰巧得以解决。它小脸涨得通红，憋着气，伸胳臂踢腿，如果它是个幸运的宝宝，又有位细心的妈妈的话，这种不舒适的感觉就会消失，世界又将太平。

婴儿对环境做了某种适应。

但是，新生儿对环境的某些调适全然不必以这种大海捞针的方式进行，那就是我们所说的反射。例如，用一支铅笔点触婴儿的手掌，即使是在生命的很早时期，新生儿也会抓住铅笔。如果眼白受到触动，眼睑便会闭合以排除外来物。当然，如果用手指来刺激眼睛，这种调节就不那么管用了。如果这样，婴儿就会啼哭并转动头部及四肢直至这种骚扰感消失。但是，作为一种视觉器官，眼睛还无法分辨冲眼而来的手指可能引起必须闭眼的感觉，这一点必须要通过学习。

在手指伸向眼睛的意义被习得之前，这种情景是没有意义的。

同样，适宜的食物放入口中，便会导致吞咽反射。但食物的情景最初是不具意义的。有呼吸反射、消化反射及诸如心跳等维持机体一般工作的反射，一旦这些反射丧失或错乱，婴儿便会死去。你也许看到过一只羊羔缺乏吮吸母乳的反射，母羊实在无法教会小羊如何吮吸，只能听其自然，而这不幸的家伙定会饿死。

我们理所当然地认为，我们具有这些复杂的反射过程及活动，它们是维持我们机体工作所必需的，并永远无法在这个世界上习得。只有当它们中的一些由于这样或那样的原因而无法工作时，我们才发现自己是多么依赖于它们。的确，有时医生可以教会我们某些本应与生俱来而无需指导的东西。本书的许多读者在降生之际，都曾被拍打后背而教会呼吸，但是没人可以教会我们如何消

① 英语中，可以用中性的“它”（it）来指代婴儿，相当于中文中的“小家伙”、“小东西”。——译者注

化食物，如何将一盘咸肉鸡蛋及一杯牛奶转化为诗人或佛陀[①]，这一切只能通过教师之最——自然之母来加以传授。

如此说来，反射乃是自然赋予我们勇踏生命历程的行囊，只有那些能唤起反射的事物才对婴儿显露意义，其他的一切都是令人困惑的混沌。的确，这正是《创世记》的作者谈到“地是空虚混沌，渊面黑暗”时的含义。每个婴儿都必须从混沌中创造出自己的世界。它是如何创造自己的世界的呢?

起初，它听到各种声音并看到各种颜色的光与影，表面上看来它们的来和去与它们本身所发生的事情之间毫无关系。然而，渐渐地，它开始注意到某种感觉。这些感觉使得我们所言的温暖的怀抱“感觉”通常与某些令人愉快的事物相伴。这可能是食物，也可能是对某种不适感的摆脱。切记，尽管婴儿此时对温暖的手臂仍一无所知，它仅仅发现自己的某些感觉伴随着某些其他的事物，然而世界已开始具有了意义。孩子开始了自己的创造活动。

不久，孩子开始注意到他所听到的伴随着某些感觉的事物意味着食物，并且，保育员会说：“瞧，他都听出我的脚步声了。”在他创造的世界中，另一团缠绕他的巨大的混沌，也占据了一席之地。

接下来他开始对他眼前的事物产生新的感觉。此时母亲会很高兴，并说：“宝宝现在能认识我了。”但她如果知道自己在宝宝眼中的真实形象，一定会惊奇不已。

我们能否知道婴儿眼中的母亲呢?不能，因为我们已经长大，我们已建立了自己的世界，而且我们不能毁掉我们已创造的世界。这就属于这类情况：建构一件事物远比再把它分割为碎片容易。

然而，直至孩子开始游戏时，他的教育才真正开始。

一天，宝宝随意地挥动着小手。忽然，他发现了存在着两种感觉而非一种。他看到自己的手在空中挥舞着，在他的世界中两个不同的事物开始发生了联系，即挥动手臂的“感觉”和某些光与影，对此他后来逐渐知道，这是自己

① 这句比喻不甚恰当。作者的本意应该是，食物进入诗人或佛陀的腹中，经过消化而成为他们身体的一部分。这个过程是自主进行的。——译者注

手臂运动的情景。很快他发现在某些场合产生的是两种触觉而非一种，这始于他初次认识自己的小脸。发现自己身体的各个部位标志着儿童生命中的一个新纪元，这意味着此时这幼小的人类个体开始能把自己和周围的事物区分开来。此前，他可能无法区分两者，自此以后，他真的可以称得上开始成为一个“自我”了，而非一束半联结的感觉束。

当他开始玩弄东西的时候，需将更多的感觉加以联系。他必须认识到如果小手以某种方式运动，那么来自眼睛的某种感觉也就意味着我们所说的压觉产生了。这和知道手不能穿透书本是一样的，这对我们来说是太明显不过了，我们不可能不知道。大凡看见过婴儿试图抓住雪茄上那丝丝青烟的人，一定会明白事物和感受事物之间的联系绝不是不经学习就十分明了的。

事物的呈象和婴儿将这些事物放进手里或口中所产生的感觉之间的联系构成了他们最初的世界。我们中的其他人在房间中都看到了什么？钢琴、书籍、墙壁及天花板。难道婴儿看不到它们吗？

婴儿眼中的这些事物就如同我们第一次从飞机上看地球一样，是些彩色的斑点和黑白相间的条纹。

第二节　婴儿是如何认识事物和产生时空感的

随着宝宝的长大，他会发现，当他对被我们称之为手的部位产生某种感觉时，有时会发生其他的事。如果他的双眼转向某一方向，他会看见有些模糊的白色闪光的东西。在这样做的过程中，如果恰好他很兴奋，并上下挥舞着他的手臂，他就会听到平时摆动双手时所不常听到的声音。这一新的声响使大多数婴儿感到开心，所以他们往往不停地弄出这种声音直到他周围的人都失去了耐性，于是，母亲会说：“我真希望宝宝别再用那调羹敲椅子了。”但也许她该感到骄傲，因为宝宝可能对世界上的某一事物有了最初的认知。

他开始认识调羹，当然与你、我或珠宝商对此的认识有所不同，他把它看作几种感觉及他所做的事的集合物。调羹对他而言，是一种白色并且闪光的，拿着它并移动双手时会产生某种令人愉快的声音的事物。我称之为“事物”，但在婴儿未能把它作为某种事物之前，调羹还不是一种事物。最初，婴儿有许多孤立的感觉和活动与调羹相联系，直至他把这些感觉和活动都联系起来之后，他才产生了物体的概念。在这一创造物体的过程中，最重要的是婴儿的活动。只有当他开始为自己做某件事的时候，事物对他才开始有了意义。来自眼、耳、嘴、手及肌肉的所有感觉结合起来，构成了我们称之为调羹的事物。对婴儿来说，对调羹的使用就是用它发出声音，这种使用对他而言就意味着做某事。

现在，眼、耳及其他感觉器官开始显示出它们是如何帮助孩子形成世间事物的概念的。在变形虫的例子中，我们看到某些生物具有某些反应，而对于蚂蚁或自然界中其他更复杂的动物而言，感觉器官已发展到可以对更为复杂的情境作出可能的反应，所以人类的眼睛和耳朵仅仅帮助人们对外部世界作出反应。大体上说，事物以孤立的方式作用于儿童只是一开始的事，正是儿童的心智，使它们综合成了一个事物。

的确，人是万物的尺度。

不久，孩子在头脑中创造了许多物体，食物、玩具、床等等，并开始与它们接触。然后小家伙开始注意到当两个物体放在某一位置时另一个就看不到了。这就开始形成我们所说的空间概念了。

当后来孩子开始上中学时，他可能绝不会想到，早在大约10个月的时候，他已上过了第一堂几何课。但似乎正是在这一年龄，婴儿开始学习在空间中组合物体的最简单的方式，正是这些简单的组合构成了几何学的基础。有人说我们不必学习这些，我们拥有所谓的空间直觉。如果你相信这种观点，你可以找来一个6个月的婴儿并观察它伸手去够房间另一端的事物。这时你会发现小家伙根本不明白物体有远近之分。“空间关系”的第一课尚需学习。

同样，孩子开始理解事物的*发生*也有先后之分。这要花费很长时间。大概在将近18个月的时候，当母亲说出“你在外出之前必须戴上帽子”之类的话时，宝宝才真正理解其含义。读者的母亲及所有聪明宝宝的母亲会有点轻蔑地说：“可是我的宝宝在6周的时候就知道洗澡后随之而来的会是食物。”当我们与母亲谈论其孩子的智力时，一定要很小心。然而，很容易看出，婴儿在洗澡后可能会期待食物，而未意识到某一事物发生于另一事物之后。沐浴仅仅是作为食物的信号，或者像我们前面所说的那样，沐浴对婴儿来说就意味着食物。

在18个月左右的时候，时间知觉开始形成，睡眠似乎成了一个标志。所以一个20个月的婴儿会说“宝宝昨天去了汽车里”，实际上他是在午睡之前待在汽车里的。几个月后，他再也不会把同一天午睡之前发生的事说成是昨天发生的事，他似乎已把同一天早晨和夜晚发生的每件事都结合起来了。在他睡觉之后，所有在早晨和夜晚发生的事都变成了昨天的事，而昨天的一切又融合成一个早于今日的更大的时间单位。这时，他又会把过去的一切经历都说成是昨天。此刻母亲在期待着他将昨日融入星期的概念之中。

这种从“前”和“后”到“两次睡眠之间的时间”的概念，乃至日、周等时间概念的缓慢建构表明，我们的经验在缓慢增长。这就如同水晶形成于一点固体物质，然后层层覆盖，年复一年，日积月累。不过当水晶形成了许多层之后，你仍能看见作为整个生长过程起点的那颗细小微粒。我们的经验也始于某件小事的发生，层层裹缠起来，直至一个硕大的结构臻于完善。

幼儿玩搭积木使所有的几何知识都得以具体化，从孩子最初的“以前”、“以后”概念发展出了他一生的全部智力。

第三节　顺便聊聊垂涎三尺的现象

设想一位男士走进了一家百货公司，当他还在选这要那之时，本店经理尽管远隔10层楼面，却立马动手裹扎好了顾客的所需物品。这让顾客惊讶得直揉眼睛，而这种事每天在我们身上发生三四次。

我们把食物送进口中的时候，胃早在食物到达之前，就已分泌出适量的消化液，不多也不少。

胃可以“猜透”对胃液的指令。

这就是伟大的俄国科学家巴甫洛夫在20年前着手解决的问题。他对这一问题的解答极大地丰富了我们的知识，并导致了他称之为“条件反射”的惊人发现。

在第一节我们提起过反射。无论婴儿多么幼小，只要把食物放进口里，唾液就开始流动，我们无须教导孩子分泌唾液以消化食物，有某种反射在帮他料理此事。事实上，一个孩子如果不会分泌唾液，那么教也无用。这些日常的反射，巴甫洛夫称为无条件反射，因为它们无须依赖任何其他的事物来加以发动。

然而，现在让我们设想一下，食物放进我的口中时，有只铃一直在响着。多次以后，铃声就足以及时地引起唾液的流动，无须食物。现在，我们通过某种刺激物引起了一种反射，这是一种既非本源也非自然的刺激物，而是一种与此相联系的刺激物。这一新异刺激物，已经变得与自然的刺激物具有相同的力量，被称为条件刺激物，因为它的活动取决于其他的事物。这种反应被称为条件反射或条件反应。

巴甫洛夫发现他能以几乎是无限的方式形成这些条件反射。例如，如果在狗进食时点亮一盏明灯，那么无论何时灯亮，即使没有食物，狗也会分泌唾液。当然，这种情况不会一直持续下去，而是必须不断同时呈现灯光和食物，才能延续，如同我们需提醒才能记住某物一样。

如果现在呈现弱光，相同的反应也会发生：唾液开始分泌。但是如果呈现强光，就给予食物，而呈现弱光就不给予食物，那么狗会学会区分这两者：较亮的灯光意味着食物，而较暗的灯光则意味着没有食物。

有些狗对白色三角形及其他的几何图形建立了条件反射，有些对调音管的声音形成条件反射。动物的耳朵是如此灵敏，乃至如果呈现的曲调比正常的高或低八分之一度音调时，它们都可以经过训练而对之不作反应，其准确程度足以让许多人感到妒忌！有些狗学会当身体的某一部位被抓挠时就分泌唾液，另一些狗学会在室内的灯光亮度增强或减弱时分泌唾液，还有一些狗则学会只在进食时闻到与食物相关的物体时才分泌唾液。

事实上，巴甫洛夫认为可以用任何刺激物引起任何反射，只要该刺激物与自然刺激物的结合得到足够的重复即可。

当你饥肠辘辘时走过糕点店，你的嘴里是否在流口水？我和巴甫洛夫会如此，每个人也同样如此。这就是条件反射。我家附近联谊会驻地的一个学生学会吹奏萨克斯管，但他现在不常吹了，因为其他的学生求助于条件反射在治他。每当他开始吹奏时他们便吮吸柠檬，结果使他口水直流无法继续。看来科学有着广泛的用途！

巴甫洛夫对儿童和成人进行了与此完全相同的实验。一位以婴儿为研究对象的科学家柯拉斯诺高尔斯基发现，当出现铃声或灯光时，他可以让婴儿流口水，就像在彼得格勒和莫斯科实验室中的狗那样。

这位科学家在三个月及更大的婴儿身上形成了条件反射。毫无疑问，婴儿在出生时就可以建立条件反射，有人甚至说在出生之前也可以。然而，必须记住，婴儿的大脑在生命的初期还没有完全发育，所以婴儿只能习得一些简单的事物。

而这些条件反射只是一种简单方式的学习。

当狗听见铃声便分泌唾液时，它习得了铃声意味着食物。婴儿也是如此，无论这声音是通过实验室人为的铃声而产生，抑或是保育员用调羹敲击茶杯而发出。在这两种情况下，婴儿已“习得”将声音和食物相联系并据此作出反应。当然，还需学习其他的事情。在完成更复杂的动作之前，肌肉必须训练得可以协调活动，而这常常取决于肌肉和神经联系的自然发育。不可能让一个一岁大的幼儿学会在钢琴上演奏一支高难度的乐曲，无论它对乐谱上的乐符注视多久，这必须与某些动作相联系。这是由于幼儿的神经联系和肌肉都还发育得不够，所以无法适应或对如此复杂的情境作出反应。

所谓学习，说到底是指***获得并建构此类条件反射的更大集合***。人已学会闻到“母亲过去常做的”馅饼的味道就分泌唾液，学会当街道拐角冲出其他汽车时便脚踩刹车，学会当球向脸部击来时紧闭双眼，还学会每当他人呼唤时便转身或者抬头呼应。这一切的一切，尽管不是在巴甫洛夫的极为安静并精心控制的实验室条件下形成，但确实都是条件反射。

此外，他还学会在日常生活中他所要做的数以千计的更为复杂的事情。他学会每当看到纸上标有符号，构成所谓的信件时，便一跃而起，直奔电话。这一动作涉及许多条件反射，它们都被综合起来以完成这一动作。我们说他已经习得了文字的含义，并知道有人写信让他打电话时该做些什么。

他已学会上班时应止步于该去的大楼，登上该乘的电梯，打开该开的门，坐在该坐的桌前。有某种印制或书写的指示交予他手时，做该做的事。某种“指令”下达后，去做该做的分外之事。总之，干他该干的一切日常工作。

简言之，他日常生活中的绝大部分事情是要经过学习的。打印的纸张、街道的门牌号码以及伙伴的声音，对他而言曾经都是毫无意义的，就像较亮的灯光对狗曾经毫无意义一样。

但这些都通过联结而获得了意义，正如灯光的习得性对于狗的意义。而且，除了某些肌肉及其他方面的发育外，那种种高度复杂、颇见学识的常规事务都可以分解为众多条件反射，它们与巴甫洛夫在实验室中所形成的那些可真是如出一辙啊！

说实在的，它们可是大不相同啊！

第四节　学习说话

如果有人不厌其烦地在还不会说话的婴儿面前坐上一小时，倾听小家伙发出的声音，他一定会被这千差万别的声音所惊呆。所有你可以想象得到的人类喉咙所能发出的声音似乎都可以从婴儿嘴里发出来。你可以听到属于各种语言的声音以及不属于任何语言的声音，其中有些甚至是成年人难以模仿的。的确，一个10个月的婴儿能够发出通常被认为是很难掌握的语音，其正确性常令语言学家倍感惊奇。德语的“oe”音对操英语的人来说是很难发准的，而婴儿却可以发得和德国人一样准确。但当他进入高中学习一级德语时，重学这个语音，则会发生很大的困难。

婴儿的第一语言，换言之，前语言具有国际性。每个婴儿的摇篮中都在建造巴别塔[①]。婴儿能发出各种基本的声音，所有语言都是在此基础上形成的。在其后的一年时间里，完全出于巧合，他开始学说简单的英语、法语、汉语或霍屯督语[②]。

我们是如何学会周围人所说的语言的呢?

历史学家希罗多德[③]讲述了古代的一位国王。国王想看看哪种语言最古老，于是，他挑选了两个刚出生的婴儿，并把他们送到山上由母羊喂养。奴隶在他们睡着时照顾他们，并在不被他们发觉的情况下给他们送食物。

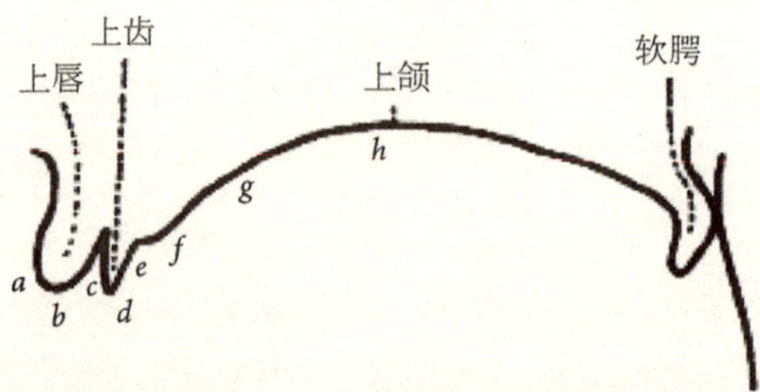

该图显示了在发出某些声音时，舌上部与嘴接触到的相应的部分。读者可以在自己的口中从a到h将舌向里伸，寻找相应的部位，如果你把舌尖置于b处，屏住呼吸，以此发声，那么该音则介于“p”和“t”，“b”和“d”，或“m”和“n”之间。儿童常常发现这一音位及其可能产生的声音，并游戏之，然而所发之声若未见之于英语之中，则随儿童的长大而被舍弃。不过，在德国人或丹麦人的“ptui”这一表示厌恶的词语中可以听见这个音。将舌上卷，置于d处，就可能发出“t”、“d”和“n”。通过将舌根或舌上部置于g处，乃至h处，便可发出各种不同的音。起初，孩子完全出于偶然或必要的屏息，将舌头置于某一位置。以后，他会重复他人所发出的某些声音。此图出自语言学大师耶斯佩森[④]之手。

① 据《圣经》记载：初时，人类的口音、言语都一样。他们为传扬自己的名，免得分散在地上，欲造一城一塔，塔顶通天。上帝唯恐人类在塔成之后而无所不能成就，便变乱了人们的口音，使他们言语彼此不通。上帝制造的混乱使通天之塔无法完成。——译者注

② 霍屯督是西南非洲的土著民族。——译者注

③ 希罗多德（Herodotus，约公元前484—约公元前425），古希腊历史学家，被称为西方史学家之父。——编者注

④ 耶斯佩森（Jesperson，1860—1943），丹麦语言学家。——译者注

当他们长到可以像普通孩子一样说话时，孩子被带到国王面前。他们说的都是同一个声音“Bekos”。国王感到奇怪，便派智者周游世界以发现是否存在着某种语言，其中有“bek”这个声音所表示的意义。不久，他们报告说，这个词是弗里吉亚语[①]，意指面包。由此国王得出了结论，认为他解决了问题。很显然，弗里吉亚语是最古老的语言，他们是想要面包。

无论这个故事是真是假，它却表明了很有可能发生的一切。如果婴儿期的许多发音无法从周围人发的语音中得到鼓励并固定下来，一个孩子可能会失掉这些语音。哪些语音被放弃，哪些被保留，这取决于其实用性。允许无用的语音消失，而保留有用的，这仅仅是在学习对复杂情境作出反应时常发生的众多事例中的一例而已。

适用于语言学习方式的实用性原则极为雅致，唯有自然之母才会想到这一点。当孩子碰巧将舌头、嘴唇或其他发音器官放在某一位置并以某种方式呼吸时，一种语音就产生了。很难确切地说出是什么刺激了口形及舌头的位置等。在大多数情况下，很可能这一刺激来自于身体内部。不管怎么说，现在孩子毕竟发出了声音。语音一旦发出，它本身又对耳朵形成一个刺激。如果重复多次，这一新异刺激像上面一节所解释的那样本身也能引起发声反应或运动。因此，如果他人也发出同样的语音，孩子就会作出反应，会将自己的唇舌置于某一位置，重复这一发音。

举个例子。出于这种或那种原因，10个月大小的婴儿会以某种方式摆弄着小嘴，用舌头等做着某些事情，然后，就发出了“哦”音。

也就是说，婴儿所做的某些事，很可能是由某种偶发刺激引起的，并伴随着“哦”的发音。正如上一节解释的那样，任何与某一动作同时发生的刺激都可以再次引起这一动作。当婴儿用小嘴等部位做某些事情时，他听到了“哦”音，结果这种“哦”音又使他重复着能发出“哦”音的动作。

母亲走进房间，跟着叫了起来“哦，小宝贝”。而婴儿喊着“哦！哦！

① 弗里吉亚是小亚细亚中部的一个古国。——译者注

哦！”。每次他发出这一声音时他听到自己在说出它，而这又引起发出同一声音的动作。

我的一位熟人的孩子会不停地说“O dea O dea O dea”[①]直至被人阻止！其实，她应该说的是她所听到的“Oh dear”。

婴儿从其环境中无法听见但自己却能发出的种种声音（诸如美妙的咔哒声、咕噜声）都被舍弃掉了。这些声音的发声动作并不具有来自他人的必要刺激。而且，首次引发这些声音的那一内部原因也不可能再次出现。

因此，婴儿往往重复自己所听到的他人的声音，并舍弃那些只能由他自己发出而无法从他人那里听到的发音。与此相同，将较简单的发音结合起来，婴儿就可以说出诸如“娃娃”之类的词。

如此说来，我们的母语是通过条件反射形成的。学说话是一种特殊形式的学习，看起来似乎在模仿他人，但事实上具有与其他学习形式相同的普遍性质。

起初，就像婴儿所做的其他事一样，“说话”和拍手抑或踢腿没有差别，其中仅有反应而无任何思想沟通。这一点可以从婴儿学会说很长的词以后几个月的时间内看出。他经常自言自语，学着母亲的样子，说“花”、“美”或“马”，并非意识到是否有人在听。这些词仍然不具备向他人传递关于一朵花或一匹马的信息的意图。就像看到马，婴儿可能会跑开一样，马的视觉可引起另一组肌肉的变化，从而导致“马”这一语音的发出。语言乃行为，在其发展的早期阶段，语言与行为的其他形式完全相同[②]。

另一件有趣的事情是儿童练习发声的方式。我家宝贝会一大清早有时甚至是半夜在床上一躺数小时，一遍又一遍地说出那些她所知道的词。当然，这并不是有意识的练习。此时她也会进行其他活动，例如摇动拨浪鼓或按铃。但这达到了练习的目的。某些教育家宣称在教育中不应使用那些处心积虑安排的

---

① 即“Oh，dear”，意为“哦，亲爱的”。——译者注

② 本书的出版适逢行为主义在美国心理学中盛行。本书作者的这一行为主义语言观与行为主义创始人华生在《行为主义》（1925）等书中表述的观点，如出一辙。——译者注

练习方法，而应用自然的方法，即在个体成长的过程中，任其自然而然地“习得”事物。但似乎可以肯定地说，自然法亦即是练习法。所有的小孩子都喜欢一而再、再而三地做某些事，你甚至可以看到小鸟在练习飞翔，并不是飞往哪儿，只是飞飞而已。

我们通常对劝说我们回归自然、让一切变得简单的人们持有戒心。他们自然是严格的，并非只教教简单事情的先生。

除了单词的发音之外，还有声调问题，这也是小家伙们必须学习的。听听诸如“哦！天气多好呀！”及“别让狗进屋来”这样的句子便可明白，它们该是多么的不同啊！试试用第一句话的腔调说第二句话。抑或试试这两句：“小子们，别踩草坪。”“昨晚玛丽的父亲过世了。”幼儿很难学会那种自然语调。很少发现10岁以下的孩子用大人腔说话。如果这样的话，倒是有点不自然，孩子似乎有点早熟。而成人像孩子般说话听起来也很可笑。通常当周围有儿童，特别是有婴儿在场的时候，成年人往往会使用一种完全不同的语调或腔调。男女两性有着不同的语调，这并不完全取决于声音的差异。开口说话时的语调差异也成为学习外语的困难之一。

因此，儿童是通过模仿习得语言的，这话只说对了一半。因为在孩子可以重复他人的话语之前，那些声音早已发出。言语是一种行为形式，其习得方式和巴甫洛夫的狗学会对灯光分泌唾液或条件反射是相同的。所以每当教婴儿开口说话时，只有那些与婴儿的发声相近的语音，方可为孩子所保留。大人们为了表达喜爱之情而说的那些儿语，可能是婴儿学习语言的一种妨碍。

如果孩子听不到生气或粗野的语调，那么他也就不会使用这样的语调。所以，孩子的言语反映了家庭情况。

通过孩子，我们可以了解他们的家人。

第五节　让世界充满生气

对婴儿而言，最初这世界只有一个人，就是他自己。他必须知道在他的世界中，还有其他人和事物。他必须创造世界，并让世界充满生气。

我们所有人用创造事物的相同方式来使这个世界充满人烟。调羹只是一件用于发出悦耳声响的物品，看起来是这样，感觉上也是这样。母亲最初是件极好的东西，有着调羹无法比拟的体积和变幻形态，但仍然或多或少地与调羹处于相同的地位。

在婴儿眼中，世界虽然有人有物，但无多大区别。二者都是为了他自己的便利和舒适而存在。很快，人和事物间的巨大差异就形成了。人和幼儿有着某些共同之处。孩子已经知道针尖扎进皮肤会引起疼痛，针尖扎进自己或他人的手掌时，他会禁不住地畏缩。他知道发出某种声音后，其他什么人也会弄出同样的声音。当他有麻烦的时候，他就会哭，其他婴儿也会跟着哭起来。事实上，其他婴儿的哭声也常常是引起他自己哭泣的原因。

因为他不仅可以感觉到自己的肢体，还可以看见它们，也因为他可以听到自己的声音，并看到他人的四肢和他们身体的某一部分，所以他对自己身体的认识也适用于他人的身体和声音。一位著名的法国人描述了一个孩子看到一个成人站在冰冷的冲洗器中而放声大哭。冰冷的水落到皮肤上并不舒服，这是孩子通过自己的身体而知道的，而这种视觉引起了眼泪，尽管受罪的是另一个人！

说实在的，他人是另一个自我的起点。当我们注视他人时，我们关于自身的自我及身体的大部分经验也完全适用于他人。当他人被猛击一拳时，我们会不由得心头一紧，因为我们知道，拳头打在我们的皮肤上是很痛的。看到他人流血，我们也会不由得感到一阵眩晕，因为我们知道流血意味着疼痛。无论他的状况如何我们都会受到影响，因为他和我们存在着相似之处。

但另一个自我仅仅在最初是这样形成的。针刺进他人的身体并不是一种真的引起我疼痛的体验，击中他人头部的石块也不会真的导致我失去知觉。所以在这方面，世界上的其他人就像东西一样。在婴儿看来，他人完全介于自己和环境之间。和自己一样，是因为他们也运动、做事，而且他们的境况也影响着自己；和自己不一样，则是因为无法像控制自己一样控制他们。再者，自己的感觉也并非他们的感觉。

据《创世记》的描述，世界先被创造了出来，最后才是人。在婴儿创造的世界中，先有事物，然后才是婴儿根据自己的意象所塑造的人们。

在向成人过渡的过程中，我们允许他人的境况影响我们。我们形成了习惯，完全是为了方便自己，否则就不会有这一切，因此，要打破它们是痛苦的。

如果其他人打破了它们，也是令人烦恼的。每天早起的人们对那些赖床懒起者总是怀有极大的鄙视，看到他人打破赖床习惯也会令他们不快。看到尚能食用的食物遭到浪费，细心的母亲会极为心痛，哪怕这食物不是她的。一名出色的足球运动员看到坐失进球良机几乎会掉泪，尽管他对参赛的两支球队都不感兴趣，只是他的习惯和经验将他置于那些球员的位置。一个惯于依靠自己力量的人每每看到那些意志薄弱的懦夫穿梭于权贵者之间时，会倍感厌恶。他们各自都打破了对方的惯常习性。这也是人以群分、物以类聚的一大原因。

同样，当想到那些生活习惯和我们不尽相同的人们时，我们会不舒服，特别是想到别人成功地完成了他想做的事，而我们自己却因无法克服必需的不适而失败的时候。许多男生的确喜欢从勤奋学习中获得名声，但他们不喜欢那些已赢得这一名声的同伴。埋头苦学者在校园中很少受人喜爱，因为这样的人不会使人认为他是在为学校添光增彩，而只会使人感到，获得那样的好成绩要吃尽苦头。

当我还在读书时，一个比我年长的男孩刚大学毕业，并参加了一次可以使他有资格获得一份令人羡慕的职位的考试，我们所有其他的男孩都羡慕这一职位。然而当我对一位朋友说我多希望自己能是他时，我的朋友带着厌恶的手势说：“想想他这些年的寒窗苦读吧！”

这就是为什么我们不愿把任何人看作是十分出色的，并竭力找出这位英雄的某一弱点，使他正如我们所言，成为一个常人。“英雄的仆人眼中无英雄”，而现在，我们所有的人都想成为仆人了。当然，也常常会出现某些妒忌或勉强，不愿承认他人比我们强。

一个人越是以其努力所获得的成就而卓然出众，也就越不受人喜欢。在相当程度上，“饱学之士”最为博览群书[1]。他们认为，自己之所以不受人喜欢可部分归因于此。并非他们的聪慧惹人不快，而是因为无论成人抑或学童都极其喜欢无事而功。对大多数自称具有相同美德的人来说，一个看似道德完美的人往往是令人难以容忍的。在《福音》中，我们看到耶稣是小店老板和罪人的朋友，我们还知道他被法利赛人钉死在十字架上。

另一方面，我们必须考虑到他人常常带给我们的欢乐。例如，如果一个人刚刚完成了一件我自己想做的事，他可以使我处于有所成就的喜悦之中。在一定情况下，开心与否不仅取决于特定的环境，还取决于个体的人格，以及一定的程度上他的教育程度。一个人若能对他人的成功感到喜悦，我们则称他为大度抑或富有同情心。一个人若对他人的成功感到不悦，我们则称之为缺乏同情心抑或鼠肚鸡肠。有时由他人所引起的我们的喜悦或不悦的情绪可以发展为一种情感，如憎恨或恐惧。

这和处于摇篮中的婴儿相比有着天壤之别，但孩子创造了人类。所有这些情绪和情感皆起因于我们意识到他人在某些方式上与我们相似，起因于在某些情况下我们看着他们便犹如观望自己一般。成人不可能跟一砖怄气或对一石怜悯。确实，有时我们会看到孩子或狗跟引起他们疼痛的东西发怒。当这种事发生时，我们感到好笑，因为这种情感只能指向人。养成这种习惯的人往往被视为幼稚或没有教养。希腊人恶意地说，波斯国王因为一场暴风雨破坏了他的计划而猛烈地拍击海水。这是以一种含蓄的方式骂他为野蛮人。

---

① 此句为意译。原句为“The ‘highbrow’ represents so much concentrated essence of pouring overbooks...”可直译为“‘饱学之士’在很大程度上象征着博览群书的浓缩精华……”本书作者的一些比喻和措辞都令人感到有些不恰当。——译者注

然而，我们中的绝大多数人有时也做这种蠢事。我曾看到一个学生在经历了一上午不愉快的学习之后，把书扔在地上，还看到一位汽车司机用脚踢着有故障但却无法拆卸的轮胎。

所以，从摇篮时代起，我们创造了自己的世界以及其中的人和事物。我们塑造人，是因为他们有着我们的形象，也正因为他们具有我们的形象，他们才能以无生命的自然所不具有的方式让我们行动起来。

他人处于我们自己与外界这两者之间。一般来说，动物处于比其他人稍低的水平，而植物则更低，许多人不认为一棵树与一块花岗岩完全相同。另一方面，有些人则似乎从不认为世界上尚有他人存在。这些都是“超人”，他们认为自己超越了是与非，如拿破仑、亚历山大，还有神圣罗马帝国的皇帝们似乎也是如此。对于他们，世上只有一个人，其他的一切都是环境：像变形虫生活于其中的水，一切都是为了它们的愉悦和利益而存在的。另一方面，对有些人而言，他人幸福与否胜于自己的一切。这些就是圣人，他们有上千个自我。

我们幸福与否取决于我们对待他人的方式。因为，正是*我们*在感到烦扰，或感到高兴，感到大喜抑或大悲，对他人勃然大怒或得意洋洋，这一切的一切大多数人都忘记了。

第4章

人是环境的产物，心理是外界感觉的产物

有一个妇女抱着一个婴儿来到伦敦医院，这个不幸的孩子在他妈妈抱着他在屋里走来走去的时候一再地被掉在地上，处于危险境地。所以这位妈妈每隔几分钟就要低头看看她的宝宝是不是还在怀里。

第一节　神经系统如何帮助我们思考

思维不能自发产生。它必定需要某些东西来启动，比如身体所在的环境要求你去做什么事情，或者周围的某种东西勾起了你对过去一段时光的回忆，再或者是你体内发生的什么情况要求你采取某种行动来回应。

能促使我思考的东西可以是一个漏雨的房顶，可以是留声机里放出的一首老歌，或者是一阵胃痛。每一个念头，每一段思绪都是这样被引发的。思维不能自发产生，一如汽车和缝纫机不能自己发动一样。

外界的一个现象可以引发人的一段思维，或导致一次行为，这是件很奇妙的事情。这一过程可以拿电铃的工作原理来类比。首先，按下按钮，这相当于

光线射入眼睛。接着电线中产生电流，这相当于信息在神经中传导。最后铃响了，恰似神经传导的信息导致了某些行动。

如果没有电线，即使有人成天按按钮，铃也不可能响。没有神经，身体什么反应也不会有，思维也不可能产生。对思维而言，神经是必需的，因为它们传导着启动思维的信息。

也许读者会不同意这一观点，正像许多人所认为的那样，宣称思维可以无中生有，就像维纳斯从海中浮现一样。但是如果某人检视自己的思维产生过程，他会发现，那些通常来自外界的、特定的刺激正是你思维的起点。即使是一段最长的思维也依赖现实。正像维纳斯，她也有自己的历史和祖先。掠过太阳的一片云彩让人回忆起在家乡的某一天，那时她看到了同样的景观，由此她会想到“母亲的家”，然后又想到了“母亲”，为还没有收到她的信而纳闷儿。这串串思绪都源于外界发生的一个现象——云彩掠过了太阳。而且，正是视神经把这一信息传递给了大脑皮层。

如果一个人由于某种原因如疾病、事故或疲劳过度导致神经受损，那么他的行为和思维都会受到影响。例如，一个人头部遭到重击之后就什么也不知道了，用我们的话来说，就是失去了知觉。不管对他的刺激多么强烈，他都毫无反应，就好像电铃坏了，不管你怎么用力地按，它都不会响一样。

但是，人体与电铃相比有一个很大的不同，即在许多情况下，人体可以自我修复，而电铃却不能。被打晕的人如果颅骨内的复杂结构没有受到重伤，他自己会慢慢恢复过来。但从没有人听说，有点轻微的接触不良或绝缘不好的电铃会自己恢复功能！

如果与眼或耳相连的神经不能正常工作了，世界对这个人来说将会很不一样。失去了与世界保持联系的这两种手段，他的思维再也不可能保持原样。他只能用他还拥有的感觉来思考。根据不同的情况，他会把红色想象成喇叭的声音，或者把喇叭的声音想象成红色。

疾病或药物可能会使神经轻微受损。当一个人病得很重时，比如肺炎病人，有时刺激就被错误地理解了，这时病人看到墙纸上的图案会误以为是一位年迈的绅士要破墙而出。这种暂时的神经紊乱会使一个人的思维和行为严重出错。某些药物同样能产生这种后果，如吸食鸦片和反复大量饮酒。鸦片和酒精可能会一时提高人的思考能力和处理眼下问题的能力，但良好的神经调节机制却最终受到破坏。神经系统是通过从外界获取信息来帮助我们思考的。

神经系统帮助我们思考的另一途径是积累过去的经验。前文已提到当一个小孩不断听到汤匙的叮当声，而这个声音总是与喂饭联系在一起时，他的行为会发生多大的变化。过去的经验改变了孩子的行为。正是神经系统内部发生的这种变化，使我们能够利用过去的经验。有时我们就把这种唤起过去的经验以利于当前行为的过程称为记忆。因而，正是神经系统使记忆成为可能。

一般来说，这种经验的积累叫做学习。离开了学习，人类将会降低到最低级动物的水平，事实上，可能比动物还要糟糕，因为所有的动物似乎都会学习。思维也将不复存在，因为除了本能之外，面对环境他一无所有。如果离开了神经系统，我们既不能感知环境，也不能采取行动来应付环境，就像没有电线，电铃就响不起来。

正如我们所知，没有神经系统，思维就无法进行。

不可缺少的神经的确了不起。它告诉我们外面发生了什么，它传给我们指导行动的信息，它还是我们贮存经验的宝库。如果神经失调，我们将无法应付即使是最简单的情况。神经对我们来说是不可缺少的，它既是个多面手又是个专家。

The　　　　eye

上图证明盲点的存在。盲点是视觉神经或神经束进入视网膜的地方，这里的视网膜对光不敏感。闭上左眼，拿起书使“The”靠近右眼，逐渐把手移远，在某一位置“eye”将会消失。

第二节 身体如同城市

身体还有一个不寻常的特点我们未曾提到。那就是它是由成千上万个更小的生命机体组成的，而不是只有一个身体、一条生命。这些生命存在于我们所谓的细胞里，正是它们构成了身体的各部分。

有构成肌肉的细胞，有构成如心、肺等器官的细胞，还有头发生长细胞，实际上，身体的每一个有机部分都由细胞构成。细胞有自己的生命，相互独立，但在某种程度上又在构成你或我的更大的生命机体中相互协作。如果一个细胞死去，其他细胞照旧生存，就像城市中的一个居民死了，其他人还会生存下去一样。如果毛发细胞死了，那么人的头就要秃顶了，不管他在上面擦涂多少药剂都无济于事，因为任何东西都无法使真正死去的细胞起死回生。另一方面，也可能是身体其他的细胞已死而毛发细胞还活着，死人的胡子还会生长一段时间，这就好比地震夺去了城市中许多人的生命，但仍有一些居民勉勉强强地活了下来。

我们可以把身体想象成一个由许多小细胞集结成的大集合体，其中每个细胞都有自己的生命。每个细胞都为共同的利益而生存、运转，这个共同利益就是一个男人或女人或一个儿童的生命。

就像城市中的每个人都有他自己的工作，在身体这座“城市”中，每个细胞也有自己的职责。人们发现在文明的生活中，并不需要每个人都自缝衣服，自碾谷子。某人可能天生是个好猎手，他会发现成天打猎也很划算，可以让其他人来为自己烘烤面包。万能先生往往对什么都不精通，无论对个人还是整个城市来说，让每个市民只从事一项工作会更好一些。这就需要专业化。

如果一个人独自生活，那么他就不能专业化。他不得不自己擦窗，自己种麦，自己缝衣，那么他的生活一定过得不富裕，因为他每天都在忙着做事，而这些事情一个熟手花一半时间就可完成。

变形虫就是自己独立生活的。它是自己的屠夫，自己的面包师，还是自己的蜡烛匠。它本身只是一个单细胞，因而不得不独个儿消化食物，捕食并喂养自己。

人体细胞聚集在一起就可以分工协作。有一支大军负责各阶段的消化工作，另一支则犹如战舰上的发动机，负责这座“城市”的四处活动，并负责交通和一般的运动，还有裁缝店促使头皮上长出头发来，等等。

现在拿城市打个比方。城市越大，越需要市民之间有某些交流手段。20个人的小村子，甚至2000人的城镇都不需要这个，但一个10万人口的城市如果没有通讯设施就不能很好地运转，假若像美国这么大的一个国家没有通讯设施那将是不可想象的。如果整个旧金山发生一场大火灾，而又没有办法让外面的人知道，那么灾民就要闹饥荒了。或者说，假如有一支外国军队入侵纽约，而其他地方的人却得不到通知，那么在采取抵抗措施时，敌人可能已侵占了一半的领土。

同样，身体中的细胞市民也必须拥有通讯手段以便最有效地处理躯体的事务。就像在美国有人专职管理通讯系统一样——如电讯局里的电报电话员，以及那些控制着报纸印刷业的人——在人体中也有这种专司传递信息的细胞。

神经系统就是人体中专门负责通讯的。

据估计，人体中有110亿个这种特殊的细胞，比美国人口的10倍还要多。它们的工作方式就像长途电话和电报那样，是分程传递的。这样的话，当感受器或感觉器官的细胞接收到温暖或危险的灼热刺激时，手上的感受器就会在专职的传入神经中产生神经冲动。冲动将由神经细胞或神经元（神经单位的名称）传导，然后传向等待接受冲动的次级神经元。这个神经元与数目众多的其他神经元有着广泛联系，如果信息不重复，或者说很紧急，次级神经元会把冲动直接传递给控制手的肌肉运动的运动神经，因而，一个最简单的活动最少要动用三类神经细胞或神经元，如果反应活动所需肌肉不止一条的话，实际上常常需要更多的神经元参与。

这样一个简单的运动就是我们所学过的反射。之所以叫这个名字，是因为以前的实验者以为神经信息仅仅是由脊髓反射回来。

无可替代的神经真可谓功劳不小，它是信使又是专家，工作起来快捷又准确，还能自我修复。如此高效地尽责工作，真是任何机器都无法与之相媲美的。

第三节 大脑如何工作

前文所讲的情况是一个简单反射就可控制的。现在，我们设想一下，如果情况更复杂：针尖并没有真正刺进皮肤，而是某种尖锐的东西正在向手扎去。我们前文已讲过，人类得通过学习来应付此类问题，不学习或仅靠反射活动将无济于事。在这种情况下，一整个系列的神经都要参与进来，它们把冲动依次传下去，其中一些神经位于大脑的最外层，在这里贮存着我们几乎所有的经验，如果由于某种原因信息没有到达大脑的这个部位（即大脑皮层），那么以往的经验能否帮上我们的忙就值得怀疑了。

这整个过程就像一个大商店的运转。例如，有一家规模很大的经营奶制品的商店。有个顾客想来买一品脱的牛奶，柜台后的店员会立即为他服务，付钱拿货，不会再商讨和啰唆。但是假设顾客要求每天送一品脱牛奶到他家去，这就是一个较复杂的操作过程，不过值班的店员仍然可以自己解决。

再假设现在来了一个顾客要求每天订购100夸脱的牛奶，那么这笔生意对值班的店员来说就做不了主了。于是他可能会说："我去问问经理吧。"经理在奶业生意中比值班店员更有经验，他可以利用自己的***经营经验***来解决这个特殊问题。这也正是为什么他是经理而别人只能是店员的原因。于是，在这种情况下，面对这份比较重要的订单，经理可能会说："就这么办吧。"店员开始照办，填好订单。

也许还有更重要的机会即将到来，呈现一种更为麻烦的商业情境。邻近有家旅馆即将开业，旅馆老板想买断这家乳制品店里的牛奶、奶油、鸡蛋和黄油等。这会让店员颇费踌躇。权衡利弊，如果被一个客户束缚住也许不划算，或者相反，有这么一个长期稳定的客户是件庆幸的事。不管怎样，这位可怜的店员都不能处理这种问题，因为这需要许多经验，只有精于此道的经理才具备。

体内也发生着类似的事情。手感受到的微痛或刺激通过脊髓或一般的反射活动就可处理。这里不需要经验，它相当于店员在日常的生意中卖一品脱牛奶的情况。在需要经验介入但大体上还属于日常行为的情况下，我们就产生了更高水平的活动，这种活动中就需要皮层，即大脑的最外层在某种程度上的参与。例如，当针头逼近时手就拿开了，这个过程相当于那笔100夸脱的生意，大脑皮层就取代了富有经验的经理。

如果现在发生了一件事，它将影响身体的每一个行为，并可能危及它的生命，那么大脑皮层将会超负荷运转。比如说，我不小心掉到井里，疼痛的信息传到了脊髓，但这对解决问题无济于事，这种情况靠大脑皮层过去积累的经验来应付。我知道，也许几乎一整天都不会有人路过这口井，因此，一叠声地大声呼救只能更糟。艰苦的思索之后，我记起这口井旁边的小路是一个男孩上学的必经之路，于是我竭力忍着，直到估计他要经过时才大叫，如果幸运的话，他会听到我的叫声，于是我便得救了。有一点是肯定的，那就是如果我没有皮层来为我提供过去的经验，那么我在这场事故中幸存的可能性是很小的。

皮层就像一个构造复杂的整齐的大房子，里面存放着来自身体内外的神经冲动。在皮层里，原有的经验对新进入的冲动进行整合、分类、筛选、增补等等，可能的话，最后还要传出一个或一系列神经冲动。

即使在很简单的情况下决定一系列行为，神经系统这部分的活动也是难以想象的错综复杂。神经冲动可以来自眼、耳和身体。这些神经冲动已由较粗大的神经纤维整合，然后由位于大脑正下方的中脑内的神奇结构进一步激活。所有这些在冲动到达大脑之前都已完成。大脑皮层接收到这些已被加工过的冲动，如同经理收到下属的报告一样，从过去储存的经验出发，对其进行增补、删减、整合、检查和联结。

琼斯先生对夫人说：

“我想我该回去拿把伞，天好像要下雨。”

大脑皮层有特殊区域来分管人体不同的活动。与视觉有关的部分在大脑的后部，恰好在脊柱顶端可以摸到的突起的上方。此外还有嗅觉区、触觉区、听觉区以及运动区。运动区位于头顶中间，向两边延伸到各自侧面的一半，在顶部有点向内折。在这里，大脑皮层是向内重叠的，位置恰好在那些头发中分的人的发缝下面。

运动区稍低的部位控制着头颈的运动，有的部位控制着胳膊和躯干，控制腿的那部分在最顶端，正好是向内折的那部分。

但这并不意味着当我们听到蚊子叫并且知道蚊子会叮人而移动双腿时，仅有头顶最上面的那一小块地方的皮层参与操作。而首先是视觉中枢和听觉中枢兴奋，然后它们把信息传到控制腿的那块运动区。即使是正在移动腿的时候，皮层也是作为一个整体在运行的，只是“腿运动区”那一块最兴奋罢了。

我们通常称为大脑的这一最重要的部分，是由不同区域之间精细的交流系统组成的。神经元集结成束，从这一端联到那一端，从这一部分联到那一部分，大脑常被比喻成电话交换机，但在这里联络神经所完成的任务比最大的电话交换机还要复杂。大脑的这个部分，包括皮层和外皮层的连接点数不胜数，以至这个部分的神经占全身所有神经的一半以上。

神经帮助我们思考，帮助我们行动，没有它们将无所谓“心智”。大部分神经位于颅骨内，由于某些原因，这些颅骨里的神经也是最重要的，所以通常人们认为大脑是思维的器官，从某种角度上来说是无可厚非的。

但这种流行的见解也只是部分地正确。虽然思维大部分是依靠大脑中的神经结构完成的，但没有周围神经系统把信息传给大脑，那它也是无能为力的。

心智的原材料即大脑用过去经验来加工的对象，是从哪儿来的？在下面的几节中我们要来讨论这个问题。我们首先来看一个最重要、最明显的信息来源——构造复杂的眼睛。

第四节　我们如何看

眼睛就像一部照相机。照相机有三个主要组成部分：一个透镜，它可使光线聚集；一个暗箱，把无关光线挡在外面；以及一个感光板。类似地，眼睛也有一个透镜，这种透镜在摄影学中被称为复合透镜，透镜把光汇聚在感光板上，在眼中的这个感光板被称为视网膜。晶状体和视网膜都被包含在我们所说的眼球里，眼球就相当于照相机里的暗箱。

研究者对眼的各组成部分的特殊命名请参看下图。

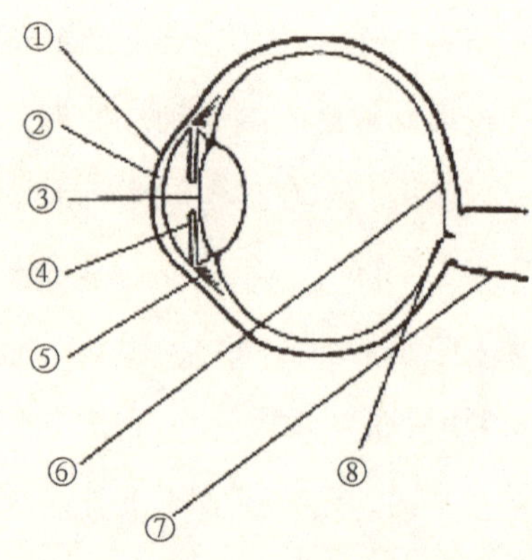

我们如何看——眼睛的构造

①光落在这里 ②③光在这里汇聚 ③为晶状体 ④光通过虹膜 ⑤当我们把焦点从远处移向近处的物体时，这些肌肉收缩，晶状体变圆 ⑥光在此处视网膜汇聚成像 ⑦并被视神经记录下来（视神经）⑧视神经由此进入并形成盲点

为了使图像清晰，照相机要调节焦距，它是通过前后移动感光板调节与透镜之间的距离来完成的。人眼不可能这样，因为我们不能把眼球前后移动。相应的，人眼通过改变晶状体的形状来聚焦就要容易一些，因为晶状体是由一

种柔软有弹性的透明物质构成的。有一些特殊的小肌肉专门负责控制晶状体的变化，这些肌肉中间有很小的固着带与晶状体相连。当肌肉收缩时，固着带放松。比如，你把一小截绳子粘在自己上臂中间的肌肉上，把绳子拉直，另一端固定在某物上面。屈臂时，肌肉收缩变硬，小绳会变松弛（小绳可用橡皮膏固定在肌肉上，不能靠缠在胳膊上来固定）。伸直手臂放松肌肉，绳子又会重新拉紧。同样地，当眼中负责聚焦的小肌肉收缩时，连接晶状体的固着带就会松下来。晶状体就会形成相应的形状，有点儿像圆球形，这样眼睛就可以看到近处的物体了。当肌肉放松，固着带拉紧，晶状体就会被拉成扁平的形状以便看到较远处的物体。

所以肌肉的松紧与固着带的松紧是相反的。肌肉收缩紧张，则固着带放松，反之亦然。

这就可以解释为什么阅读或盯着近物看比在户外看远景更容易使眼睛感到疲劳了。当人看书的时候，眼里的肌肉是收缩的，处于紧张状态。当人看远景时，肌肉放松，张力解除。一些眼科医生建议不要长时间看书，每隔一小时就要看看远处，使眼睛得到休息。因用眼过度而导致眼肌紧张的人常常被送往乡村，在那里紧张的眼肌可以放松。如果你想亲眼看看究竟人在看近物时晶状体是怎么变圆变厚的，你可以观察一个阅读者的眼睛，接着注意另一个人抬头看远处时，他的眼睛会发生什么变化。最好从侧面来观察眼睛。

光汇聚在视网膜上，就像光聚在照相机的感光胶片上一样，在达到能记录它的视觉神经之前，它还要穿过一小段距离才能进入视网膜。至今还不能肯定不同颜色、不同形状的东西是如何被记录下来并作为神经信息传到大脑中的相应部位的[①]。我们只知道神经信息开始启动就像令电铃响起来的电流开始在电

① 作者成书年代较早，当今的生理心理学已对视觉成像原理有完整的解释，其中色彩感知部分与下文所述略有不同：视网膜上的感光细胞分为红、绿、蓝三种，其信号分别输入神经节细胞，再经过红—绿、蓝—黄、黑—白三个拮抗加工系统的加工，最后传入大脑。有兴趣的读者可自行查阅更多具体内容。——编者注

线中传导一样。但是，落在按钮上的光线自然是不能让电铃响的，因而难点是落在视网膜神经上的光线究竟是如何引发神经冲动的。

许多人认为视网膜上存在着三种感光物质，当光线落在这些物质上，它们或者合成或者分解，其中一种产生黑和白的感觉，它广泛分布在视网膜的大部分区域。当白光落在上面，这种物质被分解，于是我们“看到”了白色。当被白光分解的物质再度被合成时，我们“看到”了黑色。如果我们闭上眼睛，这种物质就被合成了，或者说恢复原形了，结果我们看到了黑色。

“蓝—黄”物质可以在接近视网膜中央的小圈里找到，它的作用原理与“黑—白”物质相仿。蓝光落在上面则物质合成，黄光又使其分解。如此看来，视网膜就仿佛一个被做成靶子的圆盘，在这个圆盘正中，有另一个直径略小的圆盘，其中分布着“黑—白”物质。在这两个盘之间，即靶的外缘部分没有感光物质，光落在上面时我们不能产生视觉。在“黑—白”物质这个盘上又有一个更小的圆盘，其中分布着“蓝—黄”物质。这一部分的视网膜可以记录黑白色光和蓝黄色光。最后，在“蓝—黄”圆盘上又覆盖着一个小圆盘，“红—绿”物质就在其上。视网膜的这个区域可以记录红绿、蓝黄、黑白各色。这种分布形态就像把四个盘子从大到小叠成金字塔的形状，它们记录的色彩依次为透明、黑白色、蓝黄色、红绿色。

用一个小实验就可以验证上述事实。如果我们把一个绿色的东西如一片绿叶用一只手拿在体侧最远的地方，它看起来就不是绿色而是灰色。现在我们保持手臂伸直，慢慢向眼前移动，如果这片叶子不是纯绿色（通常都不是），那么这片叶子首先看起来是蓝色或黄色，手再往前移才会闪现出绿色。当物像落在视网膜的外圈时，我们都是色盲。

当然有这么一种人，他们对某种色彩是完全的色盲。最常见的毛病是分不清红绿两色，这是由于他们的视网膜上缺少一般人都有的“红—绿”物质。一个学生给我讲了一个故事，说一个男孩的爸爸让他从库房拿一罐绿油漆来油漆一下走廊和椅子。结果让这个父亲大吃一惊，在儿子苦干了几小时后，他发现他的儿子竟然把走廊油漆成了漂亮的粉红色！如果这个故事是真的话，这个小男孩看来是缺少“红—绿”物质。当然有人并不相信学生在课堂上说的话，他的父亲可能把这个错误归咎于别的原因。

让我们试想一下，当人们看到一个纯绿色的东西，如在雨后彩虹中看到的色彩，将会发生什么。首先晶状体通过睫状肌的舒张或收缩调节自身的形状，使物体能准确聚焦，然后一个绿色的小像就呈现在视网膜上了。

视网膜上的“红—绿”物质经历一种变异被合成，合成作用于视觉神经引起神经冲动，就仿佛按下电铃的按钮使电线中产生电流一样。于是人们就“看到”了这个东西是绿色的，或者说“反映出了绿色”。现在如果把这个绿东西拿走，红绿物质分解，恢复原状，复原导致产生红色感觉。你可以自己验证一下，拿一枚绿叶放在灰色背景上，如一张原白纸，注视约半分钟，过一会儿你会发现叶子的边缘出现一圈红色。如果把叶子拿走，你将会看到一个很明显的相同形状的红色图案。

示意图表明，尽管每个眼睛的视网膜上都有一个盲点，但我们的视觉可以加以弥补。闭上左眼。使左边的一个V靠近右眼，把书逐渐后移，右眼始终盯在***左边的V的顶端***。在某一点上，右边的V会消失，因为这个V落在了盲点上。现在继续注视左边的V的顶端，用余光向右检查余下的直线，你看到的线是连续的，还是中间有一道断裂？如果是前者，就说明这段由盲点不成像造成的空白已被你的视觉弥补上了。

还有许多关于眼和视觉的有趣事情，我们没有时间逐一提到，但有一个有趣的现象不得不提，这就是盲点的存在。盲点是视神经进入视网膜的部位，此处的视网膜不感光，落在盲点上的任何光线都看不到，但一般来说，视网膜的其他部分可以弥补这一缺憾。如果有一只假眼的铁钦纳先生给听众们做演讲，那么落在他那只好眼的盲点上的人脸他是看不到的。如果一个人站在离他六英尺的地方，他的头就不会出现在铁钦纳先生的视野里。但眼睛其余的部分还可以看到济济一堂的面孔，所以他不会注意到盲点所造成的空白，除非这点被特别指出来。在英国，板球手常常让球落在草地上的某一特定位置，而这一点恰好在击球人的左眼盲点上，以此来迷惑他。

以上是关于我们如何产生视觉的一个简要说明，或曰我们外部的干扰因素即光线如何产生信息并在神经系统内传导。如果以前的某一信息与某一行为相伴而行，那么现在这个信息还会引起相同的行为。如果我看到一只蚊子叮在我的一只手上，我会自动地抬起另一只手拍上去。但是如果我看到的东西与某一特殊行为从未发生过联系，那么看到的这个东西就不会引起我的某一个反应，这个信息就会被忽略过去。

还有一件事。那些对眼睛知之不多的人也许会惊叹眼睛真是一个精致完美的仪器，人无论如何不会造出如此精美的仪器。然而实事求是地说，从科学的角度而言，眼的构造并非完美无缺。有两盏灯，一盏红灯，一盏绿灯，把它们放在离眼相同距离的地方，由于眼睛的不完善，它所看到的是红灯比绿灯更近一些。再有，视网膜是一个曲面，而非平面，这会引起许多我们不得不纠正的错误，而盲点本身也是一个严重的缺陷。有个大投资商曾说，如果科技公司交付给他一件像眼睛这样粗劣的仪器，他必定退货。

这就削弱了另一个意欲完美的虚构！

第五节　我们如何听见

踩下“大声踏板”，制音器就会离开钢琴，这时有人大声唱出一个深沉的音符，这架钢琴也响起同样的音调，听起来仿佛是在应和人的声音。这与人耳的工作原理很相似。

声音首先通过外耳道，这部分是我们能看到的，如果说它还有用的话，它就起着喇叭的功能。在喇叭细端的开口是一片很薄的皮肤：鼓膜，它随声音快

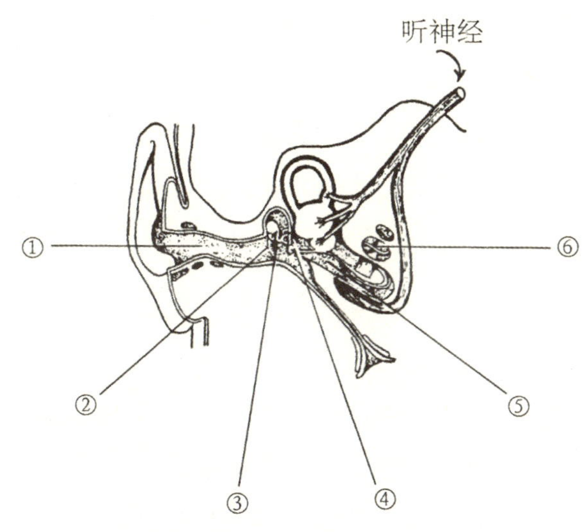

我们如何听

耳朵结构图由卡尔金斯教授绘制

①在我们听见以前，声音先通过外耳道 ②声音来到鼓膜 ③鼓膜振动引起中耳的三块听小骨的振动 ④这些又引起卵形窗的振动 ⑤卵形窗的振动引起内耳淋巴的振动 ⑥进而引起耳蜗基底膜上纤毛的振动，产生神经冲动，通过听神经传入大脑

速地前后敲击或振动。这种振动就如同钢琴或小提琴琴弦的振动。

鼓膜把这种活动或振动传到中耳，后者由三块听小骨组成。第一块骨头状如锤子，锤子头附着在另一个状如铁砧的小骨头上，而铁砧的一条腿又连在第三块小骨头上，这枚小骨因其形状而被命名为镫骨。当鼓膜振动的时候，这种振动压着锤骨产生振动，并依次传给砧骨和镫骨。镫骨两叉之间较宽的部分抵着另一块皮肤，它就像通过内耳的一个卵形窗。

内耳充满了液体，卵形窗的振动可引起它的轻微波动。内耳中的听觉感应部分状如蜗牛壳，名曰耳蜗。在耳蜗中央盘绕着一块骨头，上面覆盖着许多长度不等的纤维或者说是弦。当一个中调的音符进入外耳道，振动由听小骨和内耳的液体传入，耳蜗中的一根弦开始振动。就像钢琴中的某根弦在没有制音器的控制时，随着外界的一个声音而产生共振一样。

这个过程又相当于按电铃的按钮。听神经即听觉神经从被振动的那根特殊的弦那里接收到神经冲动，并把冲动传给大脑。也许有人想那么小的耳蜗哪里容得下那么多的弦来记录我们听到的所有声音。如果读者能看到他耳朵中的这个部分，这个比女帽饰针上的针头还要小的部分，一定对这个小东西能容纳那么多的弦感到难以置信。但那些通过显微镜观察过耳蜗的人数过纤维的数量，他们说有大约1.8万到2万个之多，而我们能听到的声音顶多不超过1.1万个音调，所以还剩7000个弦是闲置不用的。

我们发现有些人不能分辨某一个音高邻近的音调。如果手指在钢琴的键盘上从低音到高音依次地划过去，即钢琴家所谓的滑奏，这串在我们多数人听来是连续的声音，在这种人听来却是间断的。这就称为音调耳聋，如果他死后人们检查他的耳朵会发现，由于这种或那种疾病或非疾病的原因，致使耳蜗中有一些特定的弦不听使唤了。但不管怎样，仍有许多音调是任何人都听不到的，就像仍有种种光线没有人能够看到一样。

我们都是某种程度的色盲，同样我们也都是某种程度的音调耳聋者。有些音调很高以至我们没有足够小的纤维来接收它。而在音调变化的另一端，有些音又由于太低了，我们也听不到。随着我们年龄的增长，那些较小的纤维就要逐渐失去功能，而正是这些纤维记录高音调，并通过神经元将冲动传递给大脑。15岁男孩的听力不如他5岁的弟弟，而反过来，5岁的弟弟又不如襁褓中的婴儿。

如果你祖母还健在的话，即使她的听力在正常情况下还很好，她也不能听到你我能听到的这么高的声音，因为她耳中基底膜上那些较短的纤维已经不能振动了。

我们听到的声音大多是噪音而不是乐音。当噪音振动耳膜，中耳的三块听小骨与内耳的淋巴液都会以相同的方式振动，连带许多纤维一起振动。但此时许多纤维一起振动，之间没有顺序和联系。当你踩下钢琴的右踏板以及有人用力关门的时候，你听到的就是耳中的纤维上产生的噪音效果。所有的弦一起奏响，实际上就像一只碗摔碎在地上。

当然，音乐的和弦也是许多音调一起响，然而却不是噪音。实际上，制造一个纯音调很难，我们听到的大部分都是和弦，正像我们看到的色彩大多是混合色一样。除非在实验室中，否则人永远也不会听到只使耳中的一根纤维振动的声音。很难有办法使空气产生这样小的波动：它能引起纤维的颤动，而且以非常简单的方式振动。铃、泉水或其他什么可以使空气振动的东西，其运动形式都是极其复杂的，并非人们所想象的那样简单；正如一个行走中的人会同时摆动他的头、胳膊、腿以及整个身体。

有的动物的听力要强于人类，也就是说，它们能够对我们充耳不闻的声音作出反应。也许他们的耳朵就是用来捕捉空气中微弱的振动的，比如狗，或者说它们耳朵的构造可以使它们听到高出人类听觉范围之外的高音调。有些人听不到球拍击球时的尖锐声音，当然，这个声音对大多数人来说是轻而易举就可以听到的。

第六节 味觉与嗅觉

如同触觉一样，人们发现味觉与嗅觉的产生也分别依赖于特殊的感觉器官——舌和鼻。但这背后还隐藏着一个意想不到的事实，即尽管看上去味觉、嗅觉有成百上千种之多，但它们却是由很少的几个简单的感觉合成的。

味觉感受器主要位于舌尖、舌侧及舌的边缘，成年人舌的中间以及嘴唇和牙龈不能产生味觉。已经发现有四种不同的味觉感受器。一种对甜味有反应，如蜂蜜和糖。一种对苦味有反应，如橡果。另外两种分别感受咸味和酸味。

所有的味道都是由这四种味觉整合产生的，就像所有的颜色都是由红、绿、黄和蓝合成一样。味觉的产生还与食物的温度和粗细程度有关，“涩硬和滑腻的口味”，实际上就是指触觉感受。

苦与甜并不像人们通常认为的那样是两种相反的味道。柠檬水的味道就是混合了酸和甜，有时还有一点苦味。一般来说，甜与咸混在一起的味道可不好，就像把盐放在半甜的水中的味道。但如果有其他味道的加入，例如我们将猪排蘸苹果酱吃，其味道还是不错的。

但是味觉的产生很大程度上依赖嗅觉的帮助，如果离开了鼻子里的嗅觉器官，我们肯定无法分辨出那么多不同的味道。

众所周知，在天冷的时候要分辨出茶和咖啡的味道是多么困难。鼻塞的时候，我们分不出肉桂与面粉的不同味道，也无法区分苹果与洋葱的味道。

关于嗅觉还有一个奇怪的特点，即有些气味彼此之间作用过程相反，它们可以相互抵消。这在战争中具有很重要的意义，战争中双方的指挥官总是设法把他们放的毒气掩藏起来，以便使敌人在闻出来时已丧失战斗力。实际上，我们有时倾向于认为在好闻的气味中没有与之相反的气味存在。有许多人因出售有强烈香味的消毒剂而发大财，这些消毒剂只能掩盖而不能真正消除散发着恶劣气味的物质。伦敦地铁负责人常宣传这样的事实：新鲜空气在不断充进地铁里。因为闻不到霉味了，所以空气仿佛更加卫生，然而这些霉烂的物质还是存在的。

这种情况常会导致真正的危险。因而人们应当对气味强烈的消毒剂保持警惕，就像警惕一个香水洒得太多的人一样。西塞罗①很久以前说过，人类最好的香水就是不用香水。

我们对灵敏嗅觉的滥用是方方面面的，如我们本来能闻出不利健康的东西，但有时我们会习惯于某一特别的气味，以至于感觉不到它。一个住在空气污浊的房子里的人再也注意不到室内外的空气有什么不一样，除非他出去待一会儿再回来。一个整天在实验室工作的化学家，会对那些一般人闻到就会冲上大街的气味毫无反应。在这些事例中，嗅觉已变得迟钝，不良结果也就随之产生了。应该说在危险时刻鼻子是人的好仆人，但是它也像其他好仆人那样，在过度劳累之后，也会失职。

① 西塞罗（Cicero M.T.，公元前106—前43），古罗马政治家、演说家和作家。——译者注

第七节　洗热水澡为何还会发抖

上两节我们描述了外界的声光如何被我们的身体接收并转变为神经冲动，帮助我们采取行动来适应环境。但接收外界的信息还有其他途径，除了嗅觉、味觉之外，还有众所周知的触觉。像自然界中的其他许多事物一样，触觉被证明也并非看起来那么简单。实际上有四种触觉，分别记录热、冷、痛、压等刺激。

乍一看，似乎有点奇怪，居然有两套器官分别记录热与冷，就像有两只耳朵一个听大声音、一个听小声音一样奇怪，但实验已证明了上述事实。这里要用到一个利用水流冲击保持某一恒温的金属小块，如果它的温度稍高于体温，把它放在手上，你会发现只有手的某几个特定位置会感到温暖，因而认为整块皮肤都会感到温暖是不正确的。大约一平方英寸有六个这样的小点或感受器，这

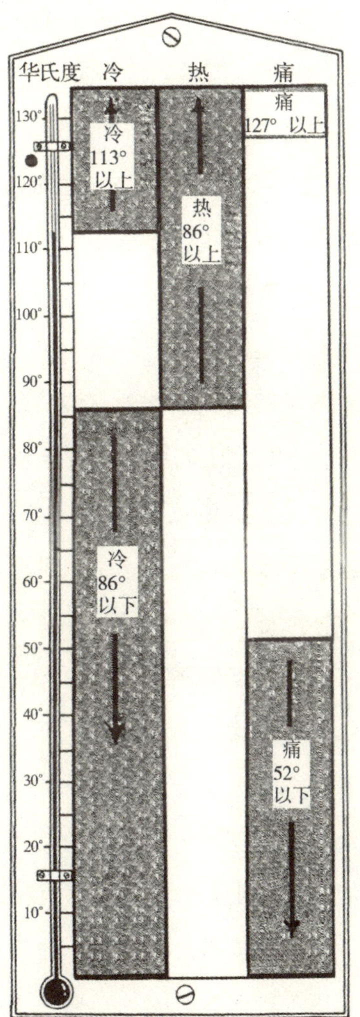

柱状图说明我们为什么会在洗热水澡时发抖

三条立柱分别代表皮肤中三种独立的感觉器官或感受器，它们在感受温度时发挥作用。最右一条代表痛觉，我们可以看到在52度以下和127度以上会产生痛觉。温觉感受器在86度以上才会兴奋，而冷觉感受器可在两种温度上兴奋，即86度以下和113度以上产生兴奋。可以看出，113度以上冷觉和温觉同时兴奋，结果是当我们洗澡时，比如水温达到120度时，皮肤可同时记录冷觉和温觉，于是我们就会发抖。从图中我们可以看出，从0度至130度，三种感受器中总有一些是在兴奋着。

些“温度点”就是感受器或接受器，它们与眼、耳等感受器的功能一样，把皮肤上的温度转化为神经冲动。

冷点的分布要多得多，大约每平方英寸有50个，但它们的位置与热点是分离的，随后我们会看到，这一特点会带来一些奇怪的结果。无论冷点还是热点都不会对逐渐变化的温度发生反应，只有突变的温度才会产生效果。有这样一个古老而又残忍的实验：把一只青蛙放在冷水中，逐渐升温，青蛙没有表现出任何痛苦的征兆就死了。身体的某些部位，如眼球外层的角膜就没有热点。因而在这些部位是不可能感受到温暖的，就像不可能从后脑勺看到东西一样。

有时这些感受器可以通过其他方式被刺激。例如，头疼时在额头上擦涂薄荷脑，就会刺激冷点，因而人们说薄荷脑令人感觉清凉。不管涂在额头上的是凉水还是薄荷脑，在温度感受器中引起神经冲动的方式都是一样的。同样把芥末膏涂在人的胸脯上，他的热点就会兴奋起来。体内的各种变化如发烧和兴奋都可以引起热点的兴奋。

当皮肤碰到尖头，或被粗硬的短发刺到时，压觉和痛觉就很容易被感觉到了。皮肤上只有某些点可以感觉到压力，但它们要比温度点多得多，身体不同部位的皮肤上每平方英寸分布有60个至1900个不等的压力点。痛点很难感觉到，但用一个尖硬的马鬃就可以让你感受到它的存在。

如果我们把手放在凉水中，随着水温的升高，有一些神奇的现象就要发生。下图告诉我们，无论是高温还是低温都可以引起痛觉。边上是一个温度计，最低点是10度20，你将看到，在这一点，同时激起了痛觉和冷觉，这时当然没有温暖的感觉。沿着刻度向上，直到约52度时，痛觉还存在。在这个温度以下的水让人感觉冷痛交加，但是在52度和52度以上则仅仅是冷觉了。冷痛交加给人的感觉是苦冷，就像冬天把胳膊伸进冰冷的水中。沿刻度再往上从52度至86度，在这一段只有冷觉，即我们在这种温度下会感到凉，但并不难受。就像海水浴或一般凉水浴的温度一样，还是很舒服的。

在86度以上，冷觉不再兴奋，中间代表温觉的条柱出现了。温度再高一点的一段较短的范围，只有热点兴奋。这种温度给人一种暖暖的感觉，如同洗温而不烫的温水澡的感觉。在113度左右，可从示意图上看出，左边的冷觉柱又出现了。这次是热将冷觉再次唤起，这时我们就感觉到热了。

这样在113度以上，温觉与冷觉并进，这就可以解释为什么我们会在洗热水澡时发抖和起“鸡皮疙瘩”了。这种由于热而引起的冷点的兴奋被称为矛盾的冷觉，因为这与我们所料想的情况相反。如果温度再升高，痛觉会再次加入，让人产生灼热感。在这个温度以上，三种感觉全在起作用：热，冷，痛。这种现象真是令人叹为观止！比如，当我们把手放进水中时，我们只有三种感受器可以发挥作用，但自然之母却安排我们利用它们区分五种不同的温度。为了达到这个目的，她采用了好些精致的方法：让接受相反刺激的感受器同时起作用。的确，矛盾的冷觉真是名副其实！

实际上，皮肤上分布着许多不同的感受器，就像一件镶嵌细工，而不仅只有触觉感受器。在一些特殊的例子中我们已看到，这些感受器分布于身体的不同部位，那些对压觉最敏感的部位如手和指尖对温度就不那么敏感，正因如此，才要求护士在试婴儿的洗澡水时不能用手，而是用身体的其他部位，如胳膊肘。当然我们的手也常用于较高或较低的温度。身体上有毛发的地方也常用作压力探测器，但在没有长毛发的部位如脚底，压力觉感受器就是独立完成使命的。在触觉方面最敏感的部位我们一般都穿戴上了衣服，尽管把脸留在了外面。脸却是身体上一个较敏感的部位，这一事实可能就成了某些对胡须的争论了！

第八节 人体指南针

当你旋转的时候，或者在电梯里升降的时候，与耳朵相连的一个很小的结构可以记录体位的这种变化，据此你可以感觉到身体的前后、左右和上下移动。这个结构是如此精致，它可以记录下各种可能的运动变化，像是一个构造独特的指南针。

我们还未加讨论的内耳的这一部分，是一个叫做“半规管”的装置。如果我们拿一个玻璃试管，把它弯成U字形，现在设想管中注满了水，试管两端都是开口的，只要试管保持静止，管中的水就不可能溢出来，但如果试管开始被移动，那么水就要洒出来了。

管子的运动方向不同，管中的水受的影响也不同。如果沿着U形管上端两点连线的方向运动，管中的水就会洒出很多。但若沿刚才那个方向的垂直方向即眼前的纸的运动方向来运动，那么洒出来的水就会很少。如果试管在电梯中平稳上升，不会有水洒出来，但如果电梯忽然下降，水就会洒出来。如此看来，有两个方向的运动可以引起水的运动，而与这两个方向相垂直的那个方向的运动却不会影响到水。

半规管就是由这样的三个管子构成，它们彼此垂直，就如同房间墙角的两面墙与地板交接的地方。如果某一个方向的运动不能引起一个管中液体运动的话，必然会引起另外两个管子中液体的运动。不引起任何一个管中液体波动的运动是不存在的。如果运动的方向与这三个管子的方向都不一致，那么三个管子都会不同程度地受到影响。

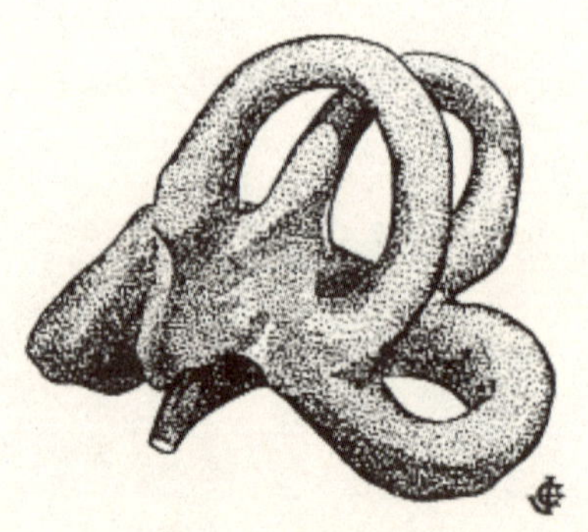

人体指南针

这是内耳中的一个小结构，通过它，运动被记录下来。三个半规管的排列几乎都是相互垂直，里面充满了液体。当我们从静止状态开始运动时，一个或多个管子里的液体就要振动。小纤毛记录这些波动，并在相连的神经中产生冲动，身体据此做出适当的调整。这三个半规管聚在一起所占的空间不比一粒大豆占的空间大多少。

让我们来看看这个精密的仪器是如何发生作用的!

半规管中液体的流动会刺激许多纤毛，纤毛又与神经相连。我们运动的时候，一个或几个管子中的液体也产生波动，纤毛上感受的压力引发神经冲动。但如果我们连续不断地运动，液体相对于周围管壁就是静止的，那么将不再有力作用在纤毛上，我们于是就不再有运动的感觉了。同样，如果我们慢慢地使注满水的U形管运动起来，然后一直保持很快的运动速度，管中的水也洒不出来。把这样的管子放在行驶的汽车中，它也会保持平稳的。如果我们坐在行驶的汽车中闭上眼睛，那么若不是噪音的提醒，我们不会感觉到自己在运动。这是因为U形管和我们耳中半规管里的液体相对管壁都是静止的。

这样我们会得出一个有趣的结论。就我们的身体状况而言，似乎没有对运动速度的极限，所以我们绝对可以遨游太空。只要启动和停止是充分渐进的，即使以今天想来是不可能的速度运行，人体也不会感到不适。只要采取预防措施，人体能承受的速度是没有限制的。未来的人类采用的交通工具也许会使我们今天使用的飞机相比之下如同四轮马车一样缓慢。

与半规管相连的神经并不直接与大脑皮层相通，所以我们对记录运动的纤毛没有直接的感觉，这一点不像视觉和听觉。但这条神经的另一端与骨骼肌的神经相连，这样，当我们失去平衡或者以不适当的姿势运动时，就会传来信息加以纠正。因而这三个小管子尽管加起来也不过是一颗大豆的大小，但它们却是人体最重要的器官之一，它的作用就像指南针或鱼雷上的回转仪，准确无误地探测和纠正着身体失衡的运动。

在战争年代，飞行的重要地位致使人们想去搞明白这个天然指南针到底会有多么灵敏，直至战后的今天，这仍是一个与飞行员最为利害相关的问题。那些半规管不能正常工作的人以及那些不能谨慎使用它们的人，开飞机是非常危险的。当他们在云层上飞的时候，往往不能分清自己是在向左、向右，还是向上、向下。即使半规管相当正常，做到这一点也是困难的。当飞机在云中穿行时，如果这个天然的指南针失灵，那么就更危险了。为了仔细研究这个器官的工作原理，人们做了许多实验。

威斯利大学的道奇教授就是研究人体指南针的科学家。他发明了一种很精细的仪器，可以把人旋转时眼睛的运动拍摄下来。这种仪器可以监测到半规管的工作，它准确地显示出当旋转开始和结束时，当眼睛看到和看不到东西时，大脑内部有什么变化。它能捕捉到人能感知到的最小的转动，以及训练之后的效果和当人以出乎意料的方式运动时的困惑。它可以显示出半规管的滞后作用、可靠性及其缺陷。

一个人坐在椅子上缓慢旋转，他会感觉到一些很奇怪的现象：当他向右渐渐加速旋转时，他报告说他是在向右转，过了一段时间，他说他静止不动了。一个长着胡子的大男人在快速地转呀转，却一口咬定自己根本没动，这的确很可笑。然后，当他慢下来时，他报告说他在向左旋转，因为半规管中液体的压力是在相反方向的。当最终静止下来，他说自己还在转，直到液体静止，他才感觉停下来了。然后，他又感觉自己在向右转了，因为液体又在朝相反的方向运动了。接着，他又说自己处于静止状态了，有时有人甚至认为自己又向左转了。这样一个逐渐开始旋转然后又逐渐停止的运动过程，一个人报告的运动变化却不少于七个，其中只有一个是正确的。这样一些错觉与上文提到的眼对绿叶的反应实验有相似之处，都被称为“后像”。

如果一个人垂着头坐在道奇教授的椅子上旋转，然后忽然把头抬起来，一种奇怪的感觉就会产生。一个半规管中的液体忽然受到猛烈颠簸，那效果就像一个重拳打在枕头上一样，这个小小机制的动作居然如此强大。其实梦见自己掉下床多半是由于头转动时，一个半规管中的液体受到了猛烈颠簸。

这一小小器官还能使人感觉头晕恶心，尽管，恶心也可以由消化不良引起。许多人一旦摇荡就必然感到恶心，这可能也是因为耳中的半规管受到的刺激太多了。儿童快速转圈时，半规管便处于迷乱状态，在这种情况下，人不能很好地适应环境，最终会发出不舒服的信号。

如果要详尽地阐述半规管的作用机制及环境，那么，我就要讲讲半规管病变时会怎样，以及病变如何发生。当把鸽子的一根半规管损坏时，它将把头保持在一个方向上，或者会翻筋斗，当然方向要视哪个管子受损而定；还有其他许多有趣的实验及其结果。但是以上所写已经足够使读者了解这个奇妙的身体指南针了。

第九节　有第六感觉吗

过去常常说人有五种感觉，却有一些玄虚的资料常提及第六感觉，有时说是只有野人才有，有时说是野生动物才有，甚至还有人说只有女人才具有。但是如果历数前面描述过的那些感觉，会发现第六感觉已被提到过，而且如果我们把皮肤的四种感觉包括进去，那么就不止六种了。实际上，人体的各种感觉是多得难以想象的。

即使把皮肤的四种感觉都归于触觉，事实上也并非只有课本上所说的五种感觉，而是有10种或者更多。如果说每种感受器都提供一种不同的感觉的话，那么我们不得不说身体有40种感觉！在本章及后面的章节中，我们要来谈谈这些不易体察的感觉。

有一个妇女抱着一个婴儿来到伦敦医院，这个不幸的孩子在他妈妈抱着他在屋里走来走去的时候一再地被掉在地上，处于危险境地。所以这位妈妈每隔几分钟就要低头看看她的宝宝是不是还在怀里。故事中还讲到，当医生与母亲讲话时，婴儿又掉在地上。

原来是她抱婴儿用到的那些肌肉缺少运动感觉，这个词来自两个希腊词根，意指对运动的知觉。

这些小感受器深埋在肌肉和肌腱中感受压力，就像皮肤上的压力感受器要感受外部压力一样。当肌肉收缩的时候，压力作用于这些器官上，于是一次神经冲动产生了。许多肌肉有两套相制衡的感受器，比如，一套用来伸臂，另一套用来屈臂，所以手臂的每一个姿势都会刺激其中的一套感受器。因此，正常人不必看也知道自己的胳膊是什么姿势。肌腱深处以及关节和骨头上也布有同样的感受器。

有一些感受器让我们了解了固体和液体的本质，即对物质的性质有了宽泛的认识。书有重量，这个重量即是本体感受器感觉到的。栅栏不能通过，房子也不能通过，这一事实是由同样的感受器感受到的。水坑或一堆树叶都是可以走过去的，本体感受器将它们的阻力告知我们。运动感觉知识经过大脑中枢与眼睛所提供的事物的外表及形状的知识结合起来，这是儿童受教育的良好起点。

我们已经发现每当肌肉发生变化——变长，变短，或变成其他形状——这些感受器都会产生冲动，感觉随之就产生了，很像电话操作员向另一端的人发出信号说线路工作正常。接下来肌肉传来的信息又发起一个新的动作，然后是第二个，第三个，等等，所以只要开始一个动作，身体本身就可以执行一系列的动作。一个正在梳头或打扫房间的人可以不去注意自己身体的动作，边做事边自如地与人谈话。这时的身体就像一个听话的部下，在得到命令后就采取一系列的行动，认真完成这些任务。

内部感受器有如此之多，以至于其中的一些可能受到损伤或不再起作用，人的行为依然不受影响，工作由余下的内部感受器来承担。如果没有这些感受器，我们将会一事无成，实际上，对我们大多数的日常行为来说，它们都是很关键的。如果我们突然被剥夺了其他所有感觉，只要有运动感觉，我们还可以活下去。著名心理学家华生教授说，如果用可卡因麻醉一个歌手的喉咙，它可以使皮肤里的许多感受器都丧失功能，“但只要不影响肌肉和肌腱中的感受器”，那么“即使是他的最完美的嗓音也不会受到丝毫影响”。

大公司有时具有两套通讯系统，一套用来接受订单，如有必要还会把信息传至总裁并将指令传回，另一套用于部门之间的交流，这样各部门可以保持接触，公司会整体和谐地发展。同样地，身体也有两套接收系统，一套从外界接受刺激，以便作调整，另一套接受身体内部的刺激，对所做行为提供检查和修正，并且帮助执行和重复已开始的动作。这两套系统有时被称为外感受器和内感受器，意指分别从外部和内部接受信息，前者包括视、听等“五大感官”，后者即那些用来调整肌肉和肌腱的感官。

另外，接受内部刺激的感受器还有其他种类，但对此人们知之甚少。比如有一些感受器专门告诉我们什么时候饿了，或者什么时候呼吸不畅等等。最近有一个有趣的实验表明，这种饥饿感觉称为饥饿情绪更恰当，它是由于胃壁的收缩引起的。把一个小橡皮气球塞入胃中，上面引出一条塑料管子通到嘴里，气球中只要有气体被挤出，都会被管子末端的指示器记录下来。每次被试报告说有饥饿感时，主试都发现管子在有节律地喷气，这表明胃在以一定的节律收缩胃壁，迎接即将填充进去的食物。还有一些内部感受器与身体舒服还是不舒服、乏力还是有劲这样的感受有关，这些感受器还有待进一步研究。

以上我们讲了某些感觉器官或感受器，它们有一个共同的目标，即把不适的信息从身体的某一部分向更高级的中枢传导，以采取相应的调整措施。有时，这种不适来自外部，如嗅觉、视觉和听觉；有时来自内部，如饥饿感。各器官都分布在它们最被需要的身体部位。眼睛在身体的最高部位，受到较多的保护，而不是在膝盖或肘部。外科医生说某些人体部位对刀割的疼痛相当不敏感，虽然它们对自然疼痛还是很敏感的。当然，手术刀割在阑尾上那是紧急情况，不能算做是自然状态。

第十节　为什么白天看不到星星

感觉是不能被精确测量的，你很难说太阳是否比月亮或星星亮100倍或10倍。已有的研究仅仅发现亮度增强多少才能使我们发现它的变化，刚刚能被注意到的变化与当前的光成一定的比例。

曾经有两个人争论两座灯塔的灯光有什么不同，一个说，第一个灯要比第二个灯亮一倍，因为它所照亮的海面的距离要比另一个远一倍。另一个人稍懂一点儿关于光的知识，他说，一个比另一个要亮四倍，因为已标明它的支光度是另一个的四倍。那么这两个游客的说法哪个有道理呢？

在1860年，一位伟大的德国科学家曾做了一系列的实验，发现感觉的变化是由刺激的变化引起的。詹姆斯（James）教授在他的《心理学原理》中曾引译过他的一个伟大的同代人关于这个问题的论述。“在寂静的夜里，我们能听到白天听不到的噪音，这是众所周知的。钟的嘀嗒声，空气在烟囱里的流动声，房间里椅子的吱呀声，以及其他上千种微弱的噪音都进入了我们的耳朵。同样，在拥挤的街道或喧嚣的火车上，不仅可能听不到邻座的人与我们说什么，而且甚至听不到自己的说话声。黑夜里最亮的星星在白天也是看不到的，月亮倒有时可以看到，但她比夜晚看起来要淡得多。每个与重物打过交道的人都知道，如果手上承受着一磅的重量，再加一磅，马上就可以感觉出变化，但如果原来承受的是100磅的重量，再加一磅，我们丝毫不会觉察有什么变化。”

同样的刺激加在原有强度不同的刺激上造成的效果也不尽相同。问题就在这里。原来1磅重的东西最少要增加多少重量才能感觉到增重了？2磅、3磅、4磅等等又各需增加多少重量？同样，1支光[①]、2支光、3支光分别需要增加多少强度的光才能让眼睛感觉出有变化?

据推测，所需增加的重量和亮度是不一样的。因为如我们所见，在嘈杂的火车站里，那些我们在安静的房间里可以清楚听到的声音有时几乎听不清。在某种情况下，稍微提高一点音量就可以被感觉到；但在另一些情况下，提高相同的音量却无济于事。

在实验室中还有更伟大的发现。比如：1支光的光线如果增加的亮度少于1／100支光，眼睛看不出变化。但如果增加1／100支光，就刚刚能被感觉到。另外，如果1／100支光加在10支光的光线上则根本看不出任何轻微的变化，只有增加1／10支光才能感到有所变化。因而，如果原来是100支光，那么就必须增加1支光才行。

与光强相同，重量、声音、压力觉这些感觉的变化都需按某一比例来增减刺激，尽管各感觉的比例不尽相同。比如重量的比例是1／40，1盎司的重量至少须增加0.025盎司才能有不同的感觉，1磅的重量必须增加0.025磅。实际上，

① 支光是一种光强度单位。——译者注

后来的实验已证明，事情并非像一开始人们想象的那么简单，但基本上这条规律对中等强度的刺激还是适用的。

在日常生活中，这些规律也产生了神奇的结果。英国某一片水域的顾问发现该水域的灯光照明不够。正如许多顾问一样，他们觉得不需请教专家，自己就可以解决问题。他们一致同意这个区域的每盏灯都增加50支光，但他们所期望的结果根本不会出现。小功率的灯的确可以在亮度上有相当提高，但一些大功率的灯实际上却不会产生任何效果，这样的话就是浪费纳税人的钱。幸好，这荒唐的举动在实施之前已引起了有关方面的注意而得以避免。

同样的规律可用于许多其他的情况，即适用于刺激既不太强也不太弱的“中等范围”的感觉。

白天看不见的星星在夜间清晰可见，这是因为它们与太阳相比发的光太弱了，所以在白天这点亮度还不足以产生任何效果。但当人在井下的时候，阳光被挡住了，空气中尘埃反射的光也减少了，那么星光就显得亮了起来，引起了相当有限的感觉。在日光下，关闭眼睛的虹膜也可以达到这个效果。与此相似，黑夜中很醒目的火柴光、车灯光以及灯塔上的光在白天都是很微弱而且引不起注意的。

这一规律对音乐会上坐次等座的人也是起作用的。歌手唱歌时强弱音的对比，在前排听众听来比后排听众听到的要强得多。人们也许会推断说当声音传到第50排的时候，就听不出强弱变化了。但韦伯定律来帮我们了，此定律认为，如果所有的声音音量成比例地减少，那么听起来的效果不会有什么变化。实际上也是如此，坐在后排的人也能听得很清楚，尽管强弱音的音量已不如歌手原来唱出时那么强了。同样，关上唱机柜门之后，唱机发出的所有的声音都成比例地减小了，但这并不破坏音乐本身。然而有一些出了毛病的电话，好像只传高音，用的时候我们必须要大叫，与那些传低音的电话不同，前者要相应地有些失真。

现在如何回答两个游客关于灯塔的问题就很清楚了。他们混淆了两件事：一是灯本身的发光量；二是灯光作用于人的眼睛产生的效果，即灯的亮度。不能因为一盏灯的支光度是另一盏的两倍就说这盏灯比那盏灯亮一倍。支光度是用来衡量刺激的，并不能用它来衡量刺激对人产生的效果，如亮度。

实际上，强烈的阳光会使这两盏灯都黯然失色，那时我们可以说这两盏灯是一样亮的。因为亮度取决于***我们看到了什么***。

所以，听到这场争论的人可以问问他们，在作比较的时候天上挂的是太阳还是月亮，因为不同情况会有不同的答案。恐怕这个问题只会激怒两位争辩者！

第5章

影响选择事件的关键——注意

每一瞬间，都有无数来自外界的刺激作用于我们每个人，其中，绝大多数的刺激都被忽略掉了，只有一小部分被我们选择并加以注意。

第一节　不同视角下的同一条街道

有一次，一位医生、一位房地产商和一位艺术家这三位朋友一同沿着一条繁华的街道走着，他们要去医生家吃晚饭。到了医生家以后，医生的小女儿请艺术家讲个故事。

“今天，我沿街而行，”艺术家说，“看见在天空的映衬下，城市像一个巨大的穹隆，她那暗暗的金红色在落日的余辉中泛着微光，愈加猩红了。看着看着，穹隆底部现出一缕光线。接着，一缕又一缕，仿佛晚风正在星星点点地吹旺着蓟花之焰。终于，满街通明，猩红的穹隆消失了。那时我多么想画下这一切，真想让那些认为我们的城市并不美丽的人们看看。”

小姑娘想了一会儿，然后就像其他孩子一样，转向房地产商，让他也讲个故事。于是，房地产商讲道：“我也可以讲一个大街的故事。我沿街而行，恰好听到两个男孩子在谈论他们长大后要干的大事。一个男孩子说他想摆一个冰淇淋小摊，并要在两条街道的交会处，紧挨地铁的入口处开始他的买卖。‘这样，两条街上的人，’他说，‘都可以来买我的冰淇淋，那些乘坐地铁的人们也会买。’这个男孩子具有成为一名好商人的素质，因为他认识到了经营位置的价值，而且在无人告之的情况下选择了街道上做生意的最佳地点。我毫不怀疑他长大以后会成为一名非常成功的商人。”这就是房地产商的故事。

医生的故事是关于商店橱窗的。“这个橱窗从上到下都摆满了某种专卖药品的瓶子，这些药品专用于治疗各种消化不良，同时橱窗里还列有一长串清单，上面写满了如果不及时治疗可能发生的听来可怕的后果。我看见许多男男女女停留在橱窗前，我知道他们正在考虑这种药对他们是否有疗效。我明白他们所要的并不是Gloria Gland Extract（一种药名），而是两种根本不可能用五彩缤纷的纸张包裹的药，即新鲜空气与睡眠。但是我却不能告诉他们。”

“这个药房是在查尔斯大街上吗？”孩子问道。他的父亲点了点头。

“你说的街道在哪里呢？”她问房地产商。

“查尔斯大街。”房地产商回答说。

“我说的也是那儿。”艺术家说。

这是一个带有心理学意义的儿童故事。

这三个人同一时间内走过同一条街道，看到的也几乎是同样的事物，但是，他们眼中的街道却是各不相同的。艺术家眼中的街道是个美丽的地方，线条、形状和色彩在此共同构成了一幅图画。房地产商眼中的街道是一个与地点、位置、场所有关的地方，在此，机会只为那些眼光锐利、能够捕捉到它的人们而存在。医生眼中的街道是那些因为自己的愚蠢而造成自身不适的男男女女们的所在。古铜色的天空同样停留在另外两个人的视野中，但他们却没有注意。每一个人都没有注意到那些对于他人来说很平常的事物，在同样的环境中，他们的注意却停留在不同的事物上。

每一瞬间，都有无数来自外界的刺激作用于我们每个人，其中，绝大多数的刺激都被忽略掉了，只有一小部分被我们选择并加以注意。例如，此时正在阅读本书的你，正远离意识，并拒绝对来自外界的大量信息作出反应。

首先，有来自全身肌肉和肌腱的信息，告诉我们四肢的位置。其次，还有来自皮肤上感受器的信息。在过去的几个小时内，读者可能不会注意到自己是觉得冷还是热，除非温度令人感到不适。但是，在这一段时间内，已有成千上万个温度点发出了冲动，只是没有被注意到，就像那些到达新闻编辑部的大量新闻一样根本不会引起注意。无论我们的衣服接触到哪儿，压力点都会变得非常忙碌，尤其是那一刻支撑着我们大部分体重的部位。

你究竟要花多长时间才能感受到脚跟所受到的压力？尽管来自许多压力点的大量信息一直在尽职地向我们传送，长年不息，却因为人们要对更为重要的信息作出反应，所以就把它们忽略了。一般而言，脚上的压力感是无关紧要的，所以通常也就没有必要采用专门的方法去留意压力的位置。

同样，自然界也有许多进入了读者耳中的声响被他忽略掉了。可能有钟表的嘀嗒声、远处交通机车的轰鸣声或是别人漫不经心敲击钢琴的声音，但它们不会被听到，除非那些被称作“神经质”的人才会听见。

如果读者试着去听一下，去数数在自己阅读时屋内有多少声音没有被注意到，他将会对这个数字感到惊讶。自然界中总是有无数的声音，它们只有在你特别留心的时候才能被听见。诗人济慈①在他的一首十四行诗的末尾恰当地运用了这一事实。

> 听吧，你们没有听到天地伟大运作的声音吗？……
> 听吧，芸芸众生，然后沉默。

与此相同，也有许多未被注意的气味，除非这些气味重要得使人们对它们采取行动，或是气味本身足够强烈，能够进入意识，否则我们是不会注意到它们的。我在路过一座城市时，那里有上千种气味冲入我的鼻孔，我却毫不留

① 济慈（John Keats，1795—1821），英国19世纪著名的浪漫主义诗人。——译者注

意，就像故事中的那位大主教一样。但是，当我到家后，我却会立即注意到屋里泄漏的煤气味或是因燃烧而发出的轻微气味，并采取措施以适应形势。

注意是对来自外界并作用于我们的成千上万个刺激所作的选择。在某一特定的时刻，控制行为的一个或一组刺激就是注意的中心，会在意识中清晰地显现出来。统计一下来自皮肤、肌肉、耳朵和眼睛的无数刺激，你会很容易看出有多大数目的刺激有待我们去选择，但相比之下，我们实际选择的又是多么少。正是对这种或那种刺激的注意造成了不同职业、不同类型的人们之间的重要差异。那么究竟是什么决定了哪种刺激将被注意或被选择呢？

这将是下面谈论的主题。

第二节　广告商如何使其信息被获取

以下这则广告曾刊登在两份不同的杂志上，名字和产品都被更改过。

> 著名东方化学公司实验室从事精细的科学研究，大多数研究在当时似乎毫无用处。但是，绝大部分的研究最终都得到了运用，甚至那些在当时证明没有实际价值的研究也丰富了人类的知识。

第二则广告写道：

> 著名东方化学公司的产品可因其绝对的纯正而被长期信赖，在绝大多数情况下使用安全可靠。这是我们实验室坚持的高标准所产生的结果，在这里，训练有素、经验丰富的化学家正为了您的安全和方便而努力工作。

为什么这个公司在一则广告中提到他们对知识的促进，而在另一则中却提到他们产品的高水准和安全性？

这就是本章试图回答的问题。但是首先，我们有必要提及其他几个问题。

盲人不可能留心日落或阅读广告，聋子也不可能去留意风声，我们周围有数不清的事物，然而我们感官的形式和性质的局限使我们永远无法知晓，就好像我坐在这里写作时，所有长度的以太波[①]正以一种令人难以置信的速度平稳地穿过我的身体，作用于我的感觉器官，最终引起所谓光和热的意识状态。无线电台发出的长波虽然使以太波听来如波涛汹涌的大海般起伏不定，但它们从不会影响到我们，除非我们将它们转换为声音。同样，我们基本上意识不到电的存在，尽管许多人在雷阵雨前会感到不安。人们早已发现，有时动物似乎具有一些我们并不知晓的感官。

我们的感受器的特性在很大程度上决定了哪一种刺激物会被选中。有许多刺激物是我们***无法***知觉的，而且即使是那些我们***能够***知觉的刺激物，我们也只能选择其中很少的一点儿。是什么决定了哪些刺激物会被选中呢？

使得单个刺激物或一组刺激物从整体环境中突现出来的因素主要有两个：刺激物的运动和刺激物的强度或大小。当一位演讲者的演讲被好似枪击声或头顶一座大钟的敲击声等强烈的噪音打断时，他会发现根本无须请听众注意这个突然插进来的声音，声音本身会迫使你去注意。人天生如此。与此相似，当一些学生把臭鸡蛋的气味带入一个政治会议时，强烈的令人作呕的气味会令会议室中每一个人不得不去注意它。每个人都会注意到闪电、烟火或是燃烧着的镁所发出的强光。所有这些事物都是以强烈刺激的形式出现的。广告商常试图借助于五光十色的灯光来运用这一原理。一个站在楼顶用麦克风高声介绍他的商品的人，就是想通过***刺激的强度***来吸引人们的注意。

同样道理，特别大的物体通常会引人注意。我们大多数人会在街道上转身去看一个特别高大的人，相比而言，更多的人会去看一幅大广告而不会注意小广告。

最重要的是刺激物的运动。如果森林中有一只动物，其周围的一切都纹丝

---

① 以太是物理学史上一种假想的物质，在作者所处的年代被认为是电磁波的传播媒质。此处以太波即指电磁波。——编者注

不动，它就不可能注意到它眼前几码之外的猎人。但是，如果猎人不发出任何声响地移动一下身体某部位，这只动物就会闪电般地逃掉。这是动物的防御机制在起作用。从长远的观点来看，静止的事物比那些运动着的事物要少一些危险性。

对人类而言，这一点同样奏效。一队移动的人群从远处就能被看见，而当他们静止时则不然。当天空中繁星密布，其他的星星同样明亮但静止不动时，划过夜空的流星就很容易被看见并被指出来。活动着的物体更容易被看见可能是因为落在视网膜上的影像作用于大量的神经元，来自神经元的信息又相互作用，就像一组正在用力拖拽绳子的人们，单独一个人绝对不可能移动绳子，但是所有人一起用力就十分容易做到了。广告商也深知运动的价值，他们是精明的实用心理学家。百老汇大街上任何活动的信号都会引起路人的注意，无论你在此已住了多久。

运动就是位置的改变，任何一种改变似乎都会引起注意。如果一件熟悉的物品被搬出房间，人们就会时常去注意屋内的那个空当，而在此之前，他们甚至不知道空处放的是什么。如果一个男人剃掉了胡须或对他的门牙做了一些处理，那么结果常常是，他的朋友知道他有一定的变化，却又不能确定是什么变化。突然改变其节奏的钟表会立即引起人们注意。任何对当前情境产生干扰或新加入的要素都易于被注意到。

我们大家都将选择注意这类刺激，因为我们继承了一套以某种特定方式排列并以某种固定方式运行的神经系统。根据以前的***个体经验***，其他刺激物或被选择或被忽略。这种经验可以是近期获得的，也可以是长期以来形成的，并由此相应地被赋予不同的名称。

近期获得的经验可能会引起***定势***。在一个众所周知的实验中，给被试者看一些不同颜色、不同形状的纸片，先让被试者看一会儿，然后问他看到的纸片是什么颜色。当然，他能够非常接近地说出所呈现的颜色，但是如果接着问他这些纸片是什么形状，他就不能那么准确地回答了。作为刺激所提的问题为他提供了必要的经验，使他去注意纸片的颜色而不是纸片的形状或大小。在这种情况下，经验几乎与情境同时发生。

假设在实验之前就给出指导语，如在实验前的片刻，或是在实验前的一天、一周或一个月。那么在这种情况下，导致选择发生的缘由更应该叫做观念。因此，如果告诉一个将要去某个城镇的人，他在那里迟早都会碰到某个人，并要求他注意这个人是否稍微有点儿瘸，那么他就会格外留心这一点，并将它从其他所有的细节中挑选出来。这次相遇可能发生在一天或一年之后，但正像我们所说的，倘若这些指令被记住了，那么相遇时的反应就会因这些先前的经验而有所改变。如果观察者对上述问题作出正确回答之后，接着问他遇见的这个人的眼睛的颜色，他可能就不知该如何回答了。当一个人被通缉时，警察会在全国各地张贴他的肖像，并画出关键点以引起人们的注意，这样将有助于搜捕罪犯。

但是，人身上的某些细节是只有那些经过训练的眼睛才能看出来的，如某些疾病的症状，或某人衣服上极微小的瑕疵。如果一个外行被送进一间满是人的房子，并要求他留意有多少人看起来像患有肾小球肾炎或神经衰弱，那么他成功的机会就不会太大。这是因为他接受的训练与教育不对口。但是训练和教育只是先前经验，是被广泛传播和多多少少经过仔细安排的。一个学医的学生会被告知神经衰弱有哪些症状，稍后在实际的病例中，他会亲眼看到这些症状。由于这些经验，他才能留心到别人身上的某些细节。

事实上，可以公正地说，正是他过去的经验完全改变了他遇到别人时对刺激的选择。

实际上，每一种经验都会影响我们对下一个刺激的选择，或是改变将在未来情境中再次出现的刺激的相对强度。当我们和一个拥有一群良种绵羊的人共同度假后，在归程中，我们就不会对那些透过车窗看到的绵羊不感兴趣。一个才钓鱼回来的人或是一位钓鱼爱好者，会比那些主要兴趣在高尔夫球上的人更仔细地审视某个带着渔具的人的面庞和外表。一个正准备结婚的人会更注意别的女士手指上的戒指，并与他刚买来的那个作比较。一位大学生习惯于每天乘坐同一趟火车去学校，但直到他学了地理课之后，他才会注意到路上那块具有独特构造的岩石，虽然他以前曾千百次地经过这块岩石。从长远的观点来看，课堂中获得的经验最终可以化为作用于眼睛和耳朵的某种刺激（但在过去，它也作用于别的部位），这些课堂经验使得他从早已熟悉的环境中挑选出了这一特征。如果这位大学生被问及一个关于岩石的问题，他可以作出正确的回答，然后这个反应就完成了，当然，这种情况一般不会发生。

所有这些规律都被广告商以多种灵活的方式加以运用。首先，是利用刚获得的经验。伦敦某地铁的出口处没有电梯，只有一段陡峭的楼梯。在楼梯的台阶之间印有“为呼吸困难者使用”等等字样，每一个经过的人都可以看见。因此，当大多数人气喘吁吁地奔上楼梯时，这则广告立即映入眼帘。

同样，不久之前的经历也可以用来引起注意。那些所谓的时事广告就属于这个类型，而且是最常用的一种。例如，如果某地发生了一起大火灾，火灾保险公司就会巧妙地在广告中提及此事，来为自己做广告。在一部戏剧获得巨大的成功之后，同名的书也会畅销，甚至一首歌或一种冰淇淋都会随之流行起来。假如威尔士亲王视察某地，这里的鞋商就会大做广告，说亲王正穿着他们品牌的皮鞋。若是彗星出现，广告商也会以此大做文章。

同样，世界上特别的事件也都会被某些人聪明地用来帮助出售商品。比如，登普西在世界举重比赛中击败卡彭特之后，立即就有一则广告说胜利者曾服用过某种专利药品。另一则广告介绍了某个同村或邻村的人被一种电池治好了病的情况，这比那些有关某个遥远城市的人被治愈的广告更容易成功，因为它更接近那些想尝试者的经验。但有时，为了某些显而易见的原因，这种治疗会被报道说发生在大洋彼岸。早期的和更有组织性的经验，即我们所说的教育，也常被广告商加以利用。给大学生读的征订广告在表达上完全不同于那些给即将中学毕业的学生所读的广告，其中会使用不同的观念、不同的事实并强调不同的事物。

再回到前面的两则广告。第一则是写给大学生的，在经历了四年大学生活之后，他们将对公司作出的忠于知识的声明留下深刻的印象。另一则是为那些主要兴趣在于应用性的、明智的读者阶层所写的。告诉大学毕业生某公司产品如何安全且纯正，这和他们过去刚刚才产生的经验几乎没有联系。告诉一位商人或是一位管家某公司给予了人们先进的知识，最多只能引起他们的微笑，即使这则广告已被通读过，当然，这种情况一般并不会发生。

每则广告都会运用它们预期的读者的特殊经验。从这个方面来说，每一则广告都是好广告，因为它们赢得了注意。

与此完全相符，即使都在为同一产品做广告，刊登在科技杂志上的广告，其措辞与引用的数据也会完全不同于刊登在普通杂志上的广告。

一则广告如想成功，***必须联系读者过去的经验***。广告商们已普遍认识到这一原则，尽管他们常用不同的方式来表现它。这是各种成功销售的首要因素。

第三节　上大学意味着什么——训练注意

最近的大量资料显示，一般情况下，上过大学的人比那些高中毕业生拿更多的薪水，而高中毕业生又比那些仅仅初中毕业的人拿更多的薪水。这似乎证明了来自教育的训练可以提高挣钱的能力。

虽然这是完全正确的，但在许多情况下，它也包含了一个错误的论点。以两个男孩子为例，其中一个男孩子聪明、勤奋、专心于学业，而另一个却愚笨、懒惰，只要有人许诺有好玩儿的事，他就会放弃学习。他们中哪一个可能在学校中表现出色，这是毫无疑问的。约翰，那个聪明的男孩，可能会在班上名列前茅，他的老师和朋友们一定会劝他尽可能地去接受更多的教育；而詹姆斯，那个愚笨的男孩，只能勉强应付学校的功课，反过来，他的每个老师也乐得不管他。他甚至再也不可能去接受更多教育。10年之后，他们中的一个人拥有一份专门职业，而另一个却很可能碌碌无为。

约翰并非简单地成了一名医生，而且这也不可能完全归功于上过高中和大学。

当然，这些在学校中接受的训练帮助了他。但是他的成功也应归功于他本身的聪明与勤奋，而詹姆斯的失败也是因为他本身的愚笨和懒惰。即使约翰没有比詹姆斯接受更多的教育，在日后的生活中，他也一样会比詹姆斯更成功。

一般情况下，上过大学的人比那些没有上过大学的人更成功，是因为他们能干且勤勉刻苦。也正是因为他们能干勤勉，所以他们已为今后一生的工作做好了最充分的准备。

这与两个正在比赛的快艇爱好者的情况是完全一样的。落在后面的快艇手可能会声称前面的快艇赶上了好风向，但事实却是前面这条快艇的构造适于减轻风的阻力。这就像糟糕的工匠常忌妒好工匠的工具，而后者却正是因为聪明才捡到了最好的工具。

艾萨克·沃尔顿是一位钓鱼能手，一天，他和他的学生在同一条河流边钓鱼。沃尔顿似乎好运连连，于是他的学生就说服他与自己换钓具。但即使拿着钓鱼能手的钓竿，年轻人仍然钓不到鱼，而就在他的眼皮底下，沃尔顿却钓上了大鱼。

教育是那些更聪明更勤奋的人武装自己的工具，它在几个方面发生作用。

首先，它使人们选择不同的刺激，即注意不同的事物。

艺术家、医生和房地产商在同一条街道上选择了不同的事物，并且他们能够用一种未受过训练的人不可能使用的方法去处理他们所选择的事物。无论是他们选择的过程，还是他们的反应能力都受过训练。医生可以为他注意到的病人开药方，做一些与此相关的事情。艺术家可以画出他眼中的落日。教育既改变了一个人感兴趣的情境，也改变了他对情境的反应。

让医生在度假的途中跳下车去救助一位中暑的病人，这即使不那么令人愉快，他仍然会停下来并给予帮助。如果问他为什么，他可能会回答说他必须忠实于他作为一名医生的信念。

教育赋予人们最伟大的事物就是奉献的信念。这意味着受过教育的人们可以更全面地看待问题，并从更多的角度加以处理。如果做不到这一点，那么教育就没有价值了。称职的护士、教师、杂志编辑都有他们自己的职业信念，这意味着，他们必须去应付那些他们所受的教育使他们看到的问题，用教育示范给他们的方法作出反应，而不去考虑自己的感受。一位睡在病人隔壁房间的护士听到她的病人因病痛而呻吟，此时她知道她的职责是起来去给予帮助，而且，如果她是一位好护士，不管自己有多累，她都会起来去帮助病人。同屋中的另一个人可能根本就听不到这一因病痛而发出的声音，而且无论如何不会认为自己有责任起来去给予帮助。

因此，一位受过大学教育的人，倘若他曾就读过一所合适的学校并在那里受到正确教育的话，那么当他看到家乡没有合理办学校时，他就会站出来做一些事情来帮助家乡更好地办学。他所受的教育帮助他看到了现实情境中的矛盾，人们如何为了下一代无偿地奉献，而他们的下一代却没有得到应有的教育。因而，如果他忠实于理想，如果他用教育展示给他的方法看到了整个问题，他将会尝试去*做*一些与此有关的事情。

没有受过教育的人既看不到有什么错误，也不会知道补救的办法。

教育赋予人们看待生活的视野，使人们不是从个人的利益和快乐、从生活的细枝末节出发，而是从整体上去看待生活。一个人所处的领域越宽广，相比之下他表现的自我就越小；一个受过大学教育的人，其生活空间越广阔，他个人的喜恶似乎就越少。

因此许多雇主更喜欢优秀的大学毕业生为他们工作，原因有以下三点：第一，他们更聪明；第二，他们受过教育，眼界更开阔；第三，在他们广阔的生活世界中，自我显得无足轻重。

他们的思想和观念是截然不同的。

第四节　注意拾零

从中世纪流传下来的一个故事说道：魔鬼非常不喜欢主祷文，因为那些念祷文的人直接伤害了他。无论何时他只要听到有人开始念祷文，就急忙去引诱那个正在祈祷的人。魔鬼对这类事情的注意可产生非常强烈的作用，结果是没人能够在毫无杂念干扰的情况下，反复地背诵主祷文。

不幸的是，虽然这个生动的传说有一定的道理，但是无论重复什么样的事情，干扰总会产生，除非是些驾轻就熟的事情。注意像它表现出来的那样，从来就不稳定，而是处于波动起伏状态。这就是说，没有人能够注意某一单个事物一秒钟以上。读者可以尝试将注意力固定在他所在房间的某个特征上，如地毯的图案，他将很快发现会有一些其他的东西挤进来。天生的神经系统决不会让清醒的意识万花筒处于静止之中，它总是不断地使其旋转，目的就是要尽可能多地把联想带入意识。重要的并不是观察到了什么事实，而是其中有什么意义和联想。只有通过自主的联想，过去的经验才能完全呈现。

另一件有趣的事是，找一种你*刚刚*能听到的声音或刚刚能看到的光线，然后仔细地注意它们。可以将一只表放在房间的一个几乎让人听不到表声的地方，因而这个声音会时隐时现。若要计算起伏的次数，你可以粗略地数一下脉搏，你将会发现注意的起伏是有规律地间歇出现的。这些起伏变化至少可以部分归因于耳中的某种变化，但是目前我们还难以解释上述这种及其他各种注意的变化。但是，至少我们可以否定那些以赚钱为目的的神秘主义者的言论，他们坚称可以通过凝视一个黑点圆圈来培养某种超自然的注意或集中精力的能力。在这种情况中实际发生的现象只是一种轻度催眠，可以肯定地说，工作的一般的专注能力是无需以这种方式来培养的。事实上，进行这种训练的人很可能反而不能将注意专注于工作了。

能否在同一时间内注意两件事，这也是人们常常琢磨的问题。

纽约的橱窗窃贼们常常用一种有趣的办法进行盗窃。他们带来一个8岁或10岁左右的孩子，让孩子走过珠宝行的橱窗，然后，他们会问孩子，橱窗里有什么，以及它们摆放的确切位置。开始几次，做这件事的男孩子没有带来令人满意的结果，但是，在一个月左右的实践之后，汇报的情况有所改进。最后，孩子会对橱窗中的每一件摆设作出极其精确的描述，包括数目、大小和位置等细节。这些信息在盗贼们行窃时将有很大的帮助。他们先派一个人去打破橱窗玻璃，紧接着另一个因汇报而熟知所有值钱物品所在位置的人迅速偷走想要的东西，然后消失在拥挤的人群中。

被雇用的男孩子对橱窗里的东西产生了心理快照，这种心理快照可在实际中保留一段时间，并可在闲暇时拿出来检阅，这就是当我们在同一瞬间注视几件事物时常常发生的情况，这种心理快照叫做记忆后像。当一道闪电划过乡村，此时，人们也会产生记忆后像，这样人们在一切重归黑暗以后仍能够看到刚才图景中的事物。记忆后像同样可以用于动画片中，连续的影像彼此融合从而构成连续完整的画面[①]。

那些在舞台上可以同时做七件事的杂耍演员，其实也只注意了一件事情，其他的事情他们已经通过练习成为习惯了。传说尤利乌斯・恺撒可以在同一时间内给七个助手发号施令。如果这个传说是真的，那么只能说他思维敏捷，从而可以将注意力连续不断地从一件事转移到另一件事情上，并充分调动起了全部的注意力，但他肯定不是同时注意到了七件事情。鉴于某些现代商业管理者的能力，这个传说在某种程度上也是可能的，那些决策者似乎有着令人难以置信的能力，他们可以迅速地将注意力从一个人身上转移到另一个人身上，或从一个部门转移到另一个完全不同的部门。尤利乌斯・恺撒就是所有管理者中最优秀的一个。我们同样可以以此来解释那些蒙着眼睛的国际象棋手何以能同时下八盘棋。

人们常常遇到有些人，他们告诉你如果房间内有一些小干扰的话，他们的工作会更有效率，这些人对上述理论应该有更深的理解。一个木材商告诉我，除非房间里面有锯木的嗡嗡声，否则他就不能清晰地思考。同样，有位可怜的太太带着几个孩子离开芝加哥附近满是汽车嘈杂声的廉价公寓之后，却失望地发现他们在乡间无法入睡。他们竟然很想念那些噪音！

现在看来，我的这位木材商朋友和那些芝加哥的孩子们都是某种类似吸毒事物的牺牲品。这些噪音孩子们已经习以为常，就像食物中的盐一样，失去了它们，人们反而不自在。然而，毫无疑问，这些噪音是有害的，它们耗尽了你本该用于其他地方的宝贵精力，虽然排除噪音是无意识的过程，但是紧张是确实存在的。

但是，对于那些想要把学校建在车库旁边的人也似乎无可指责，*因为*尽管本人已据理力争，但是“孩子们确实很快就会习惯噪音”。

---

① 当今科学认为动画片利用的是人眼的视觉暂留现象，与记忆无关。——编者注

第6章

过去如何再现于当前

当我们看见一匹马时，映入眼帘的那个形象就“意味”着马。而对于野人来说，那种形象却毫无意义，但假如他具有了与我们同样的经验，他也会知道那是马。

第一节　视觉和知觉

不久前，我的一位朋友向我展示他刚买的一本书，这是一本令他十分得意的书。这本书的确罕见，但这并非是他感兴趣的原因，他所感兴趣的是这本书的一页书角上的那些奇怪的、令人费解的符号。直到我的朋友大叫起来：“这是查尔斯·兰姆[①]的签名！”我才流露出羡慕之意。

我们都看见了书中的符号，却惟有他看出是查尔斯·兰姆的签名。这些对于他来说有着重要意义的内容，在我看来，不过是一些墨渍而已。

在“婴儿”那一章中，我们知道了孩子最初如何对作用于其感官的刺激作出反应，尽管这些刺激对于他来说并没有意义。当他在看一张报纸的时候，

① 查尔斯·兰姆（Charles Lamb，1775—1834），英国著名的散文家和批评家。——译者注

眼中传入的，是与你我同样的神经信息，但他并不能解释这些信息。当他握着一个球的时候，一定的神经冲动就沿着他的手和臂开始传递。当他把球放在嘴里，或者举过鼻尖、扔到地上、置于眼前时，又会产生其他的一些神经冲动。

所有的这些神经冲动和感觉在孩子的头脑中，最初并没有任何联系。他不知道自己的眼睛、耳朵、嘴巴、手臂等产生的感觉有任何联系。他有不同的感觉，但没有感觉的综合。

可是一段时间之后，他开始注意到这些感觉是成组出现的，然后又注意到这一系列感觉的先行者，是来自眼睛的一种特别感觉，这时他才第一次真正“看见”了球。他的视网膜上所形成的那个视像，对于他来说“意味”着球。根据大量的过去经验来解释神经系统传入的信息，这在他的成长历程中是一大飞跃。

这就是所谓的知觉。

成人看见或听见的每一事物几乎都是如此。当我们看见一匹马时，映入眼帘的那个形象就“意味”着马。而对于野人来说，那种形象却毫无意义，但假如他具有了与我们同样的经验，他也会知道那是马。同样，我们看到某种形象，就知道那是方桌。

这是一种值得注意的现象。我们看见的桌子并不等同于双眼的成像，它是过去经验呈现给我们的。当我们坐在桌旁吃饭，站在房间里俯视它或坐在椅子上斜视这桌子时，仍知道那是方桌。如果有人认为他看见的事物，的确是由眼睛呈现的，而非由经验告知的，那么请他试着根据记忆画出坐在屋内地板上所看到的四条腿的桌子。如果没有特别的天赋或经过特别的训练，那么，他画出的将会是桌子真正的样子，而并非所见的样子。

我们依靠现在的经验，也依靠过去的经验看事物，哪怕这种经验是前天的或前年的。我们所见的，并不是眼睛告诉我们的，而是经验告诉我们的内容。

事实上，令自己相信从未见过真正的方桌并非难事。多数情况下，我们看见的只是这样或那样的形状，只有一种可能的方法能够看到正方形，即在距离四个角相等的地方闭上一只眼看。但即便这样，看到的仍不是正方形。眼睛最敏感的部位——视网膜是曲线形状的，它会扭曲所看见的形象。我们并非只通过眼睛辨别出正方形，而是将各种正方形加以比较，观察它们的形状。孩子玩积木，在成人看来不仅是简单的，而且通常是毫无意义的，但实际上它却有着极其重要的意义。

我们的所见，并不是眼睛呈现的，而是过去经验的产物。这种视物方式在诸如挑檐这样的图例中，得到清晰的展示。视网膜上仅有一种形象，而我们却可能看见两种事物。这一图例既像挑檐，又像台阶，而这种亦此亦彼的图形是由观察者经验的不同所致。

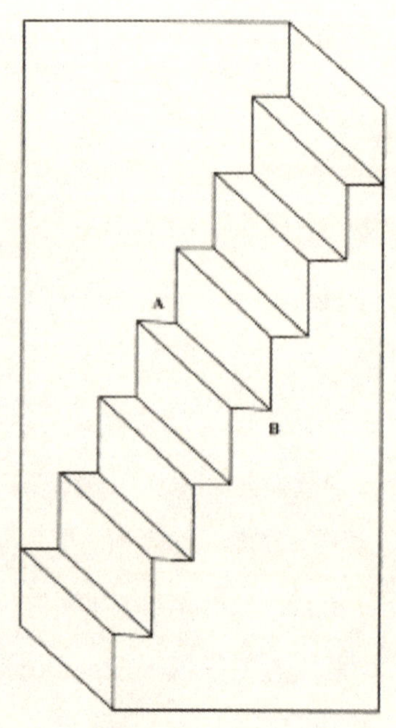

这张图既像台阶，又像挑檐。大多数人先看见的是台阶，但当把目光从A转向B，在心理上把B向里“推进”时，通常就能看见挑檐了。但人们却几乎不可能看出上图实际是三组互为平行的直线。

我们把过去的经验融入了来自视网膜的信息之中。

一个人想要避而不用过去的经验来解释当前的经验，这几乎不可能。当盯着旧式煤炉中燃着的炉火时，脑中就会浮现一些图形和面孔。与此类似，当我们看见特别是日落时分的云朵，看见墙纸的图案时，也会如此。因各自经验的不同，每个人所见的都不一样，在某个人看来是显而易见的事物，要同样被另一个人所见，却是极度困难。洒出一大片墨渍，让一群人判断这像什么是件有趣的事。同样的墨渍会被看作是三四种不同的事物。

可是，过去的经验有时也会欺骗我们，视网膜上的形象被曲解，就会产生所谓的错觉。当对刺激作出错误解释时，错觉就产生了。有位演艺人士曾造出一间内装秋千的屋子，安装巧妙，以至屋子可以前后摆动，上下旋转。人们被带进屋子，并被安置在这一略有摆动的秋千上，以使半规管工作，产生错觉。随后，屋子开始摆动并旋转，起初慢慢地，后来逐渐加大幅度，最终完全被倒转，而秋千上人们的位置仅移动了一点。但所有的人都确信在旋转中，他们真的被完全倒转了。他们误解了视像，认为这一切都意味着他们自己被颠倒了。准确地说，在这两种情况中视网膜上产生了相同的视像，但是他们都被解释为个体的运动，而非他们所处的地面在动。人们将刺激解释为旋转运动，这是正确的，因为他们仅能根据自己的经验进行解释。在绝大多数情况下，凭经验可得出正确的结论。另一个因过去经验而导致错觉的例子，是著名的两端带箭头的线段，根据箭头向内或向外，人们对线段的长度会作出偏长或偏短的判断。

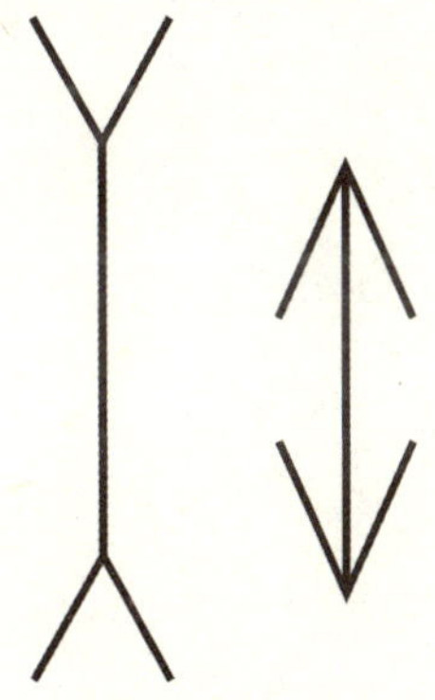

这是著名的线段错觉。这两条线段长度完全一样，为什么它们看起来不一样长呢？

这也许是因为我们估计的是那个区域，并非线段本身，当然还有其他的解释。过去关于类似线段的经验误导我们将此长度看得或长或短。

还有许多其他有关此类问题的解释。有些依赖于我们为正确知觉周围世界而默认的事实，结果是（例如在方桌的例子中），如果线条完全是根据视觉不多不少地画出来的话，那么我们很有可能会错误地给这一视觉再放出一定的余量来。

有关错觉的一概而论的正确解释很难作出，倒是有许多不同的观点来解释它们，但大多数都是由于对经验的某些误解所引起的，当然，有些是由于感受器的特殊性，例如视网膜的曲线表面。

常有这样的说法，经验给予了我们知觉和反应的习惯。

果真如此的话，错觉就是一种***坏***习惯，因为它们导致了错误的知觉和反应。

第二节　习惯：我们大家的私人秘书

应当记得，将信息由体表传入并传出的神经是由大量独立的神经元或神经细胞组成的，它们进行专门化的传导。它们的工作是通过交替作用传递信息。

某个人向远方发电报或寄包裹时，只要信息或包裹到了传输线上，剩下的旅程就很快了。发个海底电报到欧洲，大约需要几小时，但实际上，横穿大西洋所需的时间不足一秒，延误发生在电缆两端，即交接站。许多类似交接站延误的情况，也会在人体的传导系统中发生。

一旦信息发出，就会在某个地方延误时间，它们大部分都发生在交接站。这些交接站在人体内就是所谓的突触（synapses）。它由两个希腊词sun和hapto合成，意思是结合在一起。这些突触对神经信息传导形成一种阻力，其阻力越小，信息越易通过。而当阻力很大时，信息就几乎无法通过了。

信息从一个神经元反复传递到另一个神经元时，会变得越来越容易。经过多次传递，其阻力实际上就会消失。

人最初学习书写时，都会出现这样的情况，尽管确切知道字母的形状，要令笔正确运动，仍会相当困难。但一段时间后，通过练习，神经元突触的阻力会减弱，信息就能很容易地传递到需要到达的肌肉。学写字的过程，也是养成习惯的过程。习惯是神经元之间阻力较小的结果。

这种情况很类似于洪水在地面上恣意流淌。最初，水随意流向各处，但一段时间后，就形成了沟渠。这些沟渠会变得越来越深，直至水不再向其他方向流淌，最后就形成了一条很深的河谷。这样的河谷，就像生活中的习惯，例如对军令的反应。

在日常生活中，我们时刻依赖于习惯。早晨起床时，也许只需用20分钟左右的时间就可以穿戴完毕。但如果习惯不起作用，那所用的时间就会长得多，例如孩子们穿那些不常穿的衣服，或女士们必须扣上衣服后面的扣子。

在部队中扎绑腿，最初是件困难的事情，但很快就能不需思考地顺利完成。穿戴完毕后，走向房门，打开门栓，下楼去餐厅，这一切都由习惯完成。我们用刀叉吃早餐，也是习惯动作。中国人熟练地用筷子吃早餐，习惯使然，而你我却觉得不可思议。每一天，习惯始终都在起作用，节省了我们的时间和精力，帮助我们完成构成日常活动的大部分琐事，从而使我们能把注意力投入到那些更新异的、更重要的事情中去。

习惯是每个人的私人秘书，它能帮助完成日常生活中的常规事务。

美国伟大的心理学家威廉·詹姆斯写过一篇关于习惯的著名文章，文中包括许多很实用的忠告，文章被印成小册子，发给哈佛大学的新生。

他说，首先，习惯使规定的活动简单化，使它们更精确，并能消除疲劳。我们能从刚才所举的学习书写的例子中看出这点。一个人观察四年级的儿童学习书写，会发现儿童似乎不仅在控制手脚，还在控制脸上的肌肉。对于不习惯用钢笔的初学者和老人来说，画一条简单的直线都需要相当大的努力，而且对于他们来说，即使写出很不准确的字母，也会感到比熟练的书写者疲劳得多。

学习任何一种新技能都是这样。熟练的汽车司机动得少，开得好，而且开了一天车也不会很疲劳。诗人贺拉斯①说过：魔法引导着骑手。训练有素的骑手把习惯当作第三位乘客。

习惯也能“消除行动中的有意注意”。初学者不得不小心地把注意力集中于学习的事上，初学骑车的人不得不有意识地沿着合适的方向转动车轮，以避免摔倒；最初的钢琴课似乎包含那么多规则，每个人都必须仔细而有意识地遵照执行，不熟练的学生就很想知道别人如何能立即全都记住它们；初学国际象棋或桥牌的人，或者其他任何有技巧游戏的初学者会被那些规则吓住；在第一次看危险的手术时，没有哪个医生不会如此羡慕伟大的外科医生的精湛技艺：一招一式均无需明显的思维，而年轻的医生需仔细研读课本才能掌握；精通生意的人不需要时时关注常规工作，反之，则容易影响工作。蜈蚣迈着具有优美节律的步伐，有好奇的人问它究竟如何行走，先迈哪条腿，这条不幸的蜈蚣发现自己的腿绞成一团。在习惯控制下很容易的事情，如果给予有意的注意，反而会变得异常困难。

这是最具心理学意义的节律。我们每天的生活都显然蕴涵着这个深刻的事实，如果我们有意注意诸如行走之类早已形成的习惯，那么也会发生同样的事情。能“自在”跳舞的人，一旦有意注意舞步，就会变得笨拙起来。特别注意字母的结构，反而写不好字。许多演员有意注意在公众面前的表演，他们就会使意识干扰已形成的良好习惯。这就像一位好秘书不喜欢领导干扰本应由秘书所做的日常事务。同样，习惯也似乎不喜欢意识的干扰，否则的话，习惯的行为反而不能正常发挥。

好的指令，目的在于使特定的行为自动化。一个好的钢琴老师要求学生演奏时听音乐声，而不是有意注意手和指尖的动作。射手应当把目光集中到靶上，打板球的人也应盯着球。在这种意义上说，通常已经形成的习惯能不受意识的干扰而工作。评论家认为好的艺术作品，常常是在无意识状态下完成的，如果确实如此，这也仅仅意味着这位艺术家有着如此完美的技艺，他只需考虑

① 贺拉斯（Quintus Horatius Flaccus，公元前65—前8），罗马抒情诗人。——译者注

效果，而无需考虑达到效果的手段。的确，诗人或作家通常不知道为什么自己的作品如此出色，这一点不如那些想当然诠释他人作品的人们。

怎样才能改变坏习惯呢？在詹姆斯那篇著名的文章中也加以了讨论，他给出了简短的解释，引发读者自己思考。在这本小册子中，詹姆斯最后列出了对付不良习惯的方法，例如，咬指甲、怕光和其他不良习惯。

习惯是可怜人的私人秘书，通过训练，习惯能成为好秘书、坏秘书或是平庸的秘书。培养好习惯会使你立于不败之地；使习惯处于支配地位，习惯能摧毁一切。

第三节　我们如何记忆

在我们的生活中，记忆总是最神秘不过的。过去的经验伴着我们的生活，我们还能使经验重现于脑中。我们走过一条街道，一次，两次，三次，哪怕10年中，我们再没有到这附近，10年后重新走过这条街道时，仍能准确地找到想找的房子，有些内容似乎已储存到了我们的身心之中。大脑仿佛是一口井，我们曾到过的每个地方的地形图都坠落其中，井中还埋伏着一位向导，引导我们重复曾做过的事情。这的确神秘。

然而，神秘之物并不真的像看起来那样神秘。实际上，记忆远不是什么特殊情况下特别的“官能”，准确地说，它和其他智力活动一样，具有同样的性质。甚至也许可以认为记忆就是智力活动，是依靠过去的经验而进行的活动。在任何特定的情况下，个体神经系统的类型越高级，记忆就会工作得越好，所提取的引导他们行动的相应的经验就越多。如果我知道史密斯先生今晚要来，我希望能想起他的样子。在此之前，当我听到“史密斯先生”这几个词时，就同时在想是否见过这位先生。如果见过，第二步，我的神经系统又会相应地进行工作，一听到“史密斯先生”这几个词，他的形象就会立刻浮现在脑海中。

我说：“我记得他的模样。”

但这只是提取过去相应的经验，脑中已有了一定的联结，适宜的刺激唤起相应的过去经验的片断。

这就是记忆的过程。回忆是指能使用过去经验，但过去经验的获得，不但需要大脑中的存储，而且需要与适宜的刺激相联系。

如果我又重游一处多年未去的地方，并准确无误地到达目的地。然后我可以说，我记得这个地方，看到的房屋和街道是引发正确反应的刺激。另一方面，或许无须亲临现场便可想起它。我可以对朋友说："想象一下主街的样子。"他脑中就会浮现出相应的形象。不管我是去了这条街道，还是在脑中想象它，我都记得它。在我回忆前，即在我能利用先前经验之前，适当的刺激在任何情况下都是必要的。

为了记忆事物，我们必须确定：首先，我们能作出正确反应。其次，将反应与正确的刺激相联系。最后，正确的刺激必须用来再次引发正确的反应。实际上，主要的困难在于：确定正确的反应能随一定的刺激出现，各种方法都用来帮助把二者联系起来。一般来说，在所有的记忆方法中，促使反应与刺激的这种联系，是最好的学习方法。首先，兴趣促进记忆，杰出的中世纪艺术家切利尼[1]在他的自传中写道，幼年时代的一个晚上，他和父亲坐在火旁，他问父亲火焰中的那个小动物是什么，父亲却在他——那个惊讶的男孩的头上重重地敲了一下，并说："儿子，我打你，并非因为你犯了错，而是因为刚才你所见的是一条火蛇[2]。"父亲希望孩子终生都能记住这件事，所以用这种过激的方法引发孩子的兴趣。本温·西林并非不可能用谎言来润饰他的自传，但这个故事却非常真实。

增加兴趣有助于增进记忆。

趣事的所有细节都能被回忆，不管这兴趣是由于感动、快乐、新奇还是别的原因。我们总能记得所做过的外科手术中所有微不足道的细节，床前屏幕上的画面，麻醉室的场景等等，但无须为产生兴趣而去做手术。竞争也能引发兴

① 切利尼（Benvenuto Cellini，1500—1571），著名的雕刻家。——译者注

② 火蛇是传说中住在火中的怪物。——译者注

趣。从一个小男孩的例子中就能看出这点。他记得与他的学校对垒的那支队伍的所有细节，他们的体重、年龄和上个赛季的成绩。其他的事情也是如此，出于这样或那样的原因，他很感兴趣。也许对于汽车或者收音机这类事，他记得相当牢靠准确。为什么人们通常认为孩子比他们的父母记忆力好，原因之一就在于孩子比他们的长辈更富有兴趣感，较少地被生活磨去兴趣。同样，看起来能记得所有事的天才，经常会对每件事情都感兴趣。对人感兴趣的人会记得他们细微的特征，喜欢运动的人会记得与之有关的事情。我们应该经常说“我希望像他一样对事物感兴趣”，而不是大叫“我希望有像他那样的记忆力”。第一种说法更为准确。“对科目感兴趣。”这也许可作为提高任何课程记忆力的首要准则。

完全有可能对任何事物感兴趣。我曾经听说过一篇博士论文，描述了各种类型沙子的沙粒大小。论文的作者一定对沙粒的大小很感兴趣，***因为他对沙粒***作了详尽的研究。他的研究对于水泥的生产有着十分重要的实用性意义，这并非特例，只要加以足够的研究，就会发现任何科目都会变得日益有趣。一个人对一件事情知道得越多，他会越有兴趣，记忆力也会越好。所以，如果希望对商业事件记忆力更好，方法就是学习更多的商业知识。如果医生希望增强对病例的记忆力，那他应对此更加感兴趣。任何人要想记得更多的当代文学的现状，他应该对文学真正感兴趣，而不要像其他忽视文学的人那样。本性不容欺骗，真正学会的每件事情都为其他事情提供了支点，知道得越多，对科目越有兴趣，就为学习新东西提供了更多更好的支点。

千万别傻，认为与自己兴趣不同的人必然无趣。教授的工作在别人看起来可算是极其枯燥，可是他在自己的领域里，却有着丰富多彩的传奇。人们应当羡慕而不是蔑视这一切，因为别人也许能进入那片我们多数人都无法进入的仙境。

一个人要想提高对既定科目的记忆力，下一步就要切实领会这门科目的一般原理，技能训练可以提供这种帮助。当然，许多人未经训练就获得了工作所需的知识，但训练可以使人们在较短时间内从他人的经验中获益。一个对美元调控汇率的规律非常了解的人，能将汇率变化与政治或其他事件联系起来，因而能对实际变化有更好的记忆力，强于那些只是死板地记住不同汇率的人。真正懂得着色原理的摄影师能记住新的着色方法的名称和细节，远胜于那些对这一做法相对无知的人。

当然，每个从事商业或专业工作的人，都必须具有一些相应的基本知识。从这个意义上说，在他自己的领域内，他比外行具有更好的记忆力。但从普遍意义上说，一个人的职位越高，工作上所需的基础知识就越多，因而，在自己的领域内，记忆力往往是最好的。大公司的高层管理人员对影响自己业务的那种种情况有着令人不可思议的记忆，这就是他们为什么处在高层职位的原因。当然，这种人对于无关的事实，也有很强的记忆力，而这种天生的能力，非常有助于他们把握原理。用这种方法，他们从心理上就控制了部下。

每件事都是另一件事的支点，每个原理就像有上千个木钉的衣帽室。

第四节　孩子及家长对学校课程的记忆

对诸如学校课程等内容的记忆在很大程度上依赖于学习方法。当然，对所学科目真正感兴趣的学生对功课也会记得最好，正如在第一节中我们所看到的那样，兴趣是可以培养的。

许多坚持认为自己不能对某事感兴趣的学生，事实上是不想对此产生兴趣。上一节的内容已指出，在学会理解的基础上的记忆优于仅仅凭熟读去记忆。

除了上述关于记忆的一般观点，还有一些对各种年龄、各个年级的学生都很有帮助的准则。不管是六年级的小学生还是大学中的博士生，人脑的工作方式都是相同的。对音乐专业的学生有用的准则，对学打字或速写的人会同样有效。

首先，学习最好是分段练习。例如，我想学习使用打字机或弹奏四弦琴，那么每次半小时，每天2次，学习45天，这种方式的效果优于另一种学习方式，即试图每天练习5小时，压缩至9天学完。已有的实验表明，采用了分段练习学习，效果要优出20%。

同样地，学习学校课程，如果学习时间限定为1小时，较好的做法是头天晚上学习40分钟，次日早晨再学20分钟，分为3个20分钟则可能更加有助于保持兴趣，效果或许更好。学习打字，最好的方法似乎是每次练习半小时，每天3~4次。这种划分时段的方法，被许多优秀的钢琴教师采纳。

第二种有助于学习的方法是，具备关于课程的四种完备知识。第一点是有明确的学习目的。如果家长考虑到孩子要在学校学习那么多无用的知识，他们将会对孩子的厌学给予更多的同情。如果一个六年级孩子的父亲突然被带入了巨人国度，巨人用体罚的方式强迫他机械学习诸如对数表、中国的计量单位之类的内容，每年40个星期，持续10年。到那时，他就可能会理解孩子在6~16岁受教育的这段时间内的想法。学习无意义的内容浪费精力，并会产生厌恶学习的习惯。不应将目的不明确的任务布置给学生，如果课程设置或学习任务看起来毫无用处，任何父母都有抱怨的权利。

有关进步和错误的知识对提高学习速度也是必要的。在某些工厂发现，逐日公布和记录每个人的产量非常有用。好的教学方法不应该使学生单调地学习，而不记录任何进步。一个研究者发现，相比之下，告知进步比不告知进步学习效果要高出18%。

当学生学习一门新课程时，这一点尤为重要。例如初学德语、拉丁语或代数时，学生经常会感到灰心失望，因为一个月来，每天都会介绍新法则，使学生感到毫无进步。看起来没有进步，实际上进步是潜在的。取得进步时，会出现明显的停滞，对新课的记忆变得越来越难。这时，母亲或其他年长的人，用他们的爱和理解指出孩子每天的进步是非常有用的。同样，好的教师不会使学生犯同样的错误。不断地仔细发现不足之处，母亲才能看到孩子在演讲或书写这类事情上取得的进步。甚至在大学里，单纯要求学生提高作文水平也是无用的，除非不断地指出他的错误。不发现错误是没有用的，改进言语中的口音也是如此。

学习时应当知道的第四件事是任务被重现的时间。所用的学习时间不同，就会有不同的感受，并会用不同的方法去对待。当然，学龄儿童一般都知道什么时候要上课，他们往往是为上课而上课，并不是为了掌握所学内容。而这时父母若能端正孩子的学习态度，就可能起到很大的作用。

要想熟记所学的材料，那么尽力将知识作为整体而不是按部分来学习是很重要的。因此对于一首多节的诗，应将之通读，作为整体去读，而不是先读一节，再读另一节。这样每段诗或每节诗就被连成整体的诗篇，而无须在分散学习之后再把每个独立的诗节连结起来。童年时，我对分散的诗句片断记得很清楚，却不知道它们的先后顺序。实验表明，对诗歌记得最快的人几乎都采用了整体学习的方法。当遇到较难的部分时，才可能被特别提出来，反复多记几次，这样可能会节省1/2到1/3的学习时间。

这些准则似乎更有助于学习而不是记忆。的确如此，学习与记忆有着如此紧密的联系，任何一种进步一般都会暗示另一种进步。记得越牢，几乎总是意味着学得越好，而学得越好，则意味着记得越牢。除了学习，没有通往记忆的光明大道。

无论是用适当的方法教孩子还是你自学，都应确保有适当的兴趣，确保能正确地理解学什么和为什么要学，而不是盲目学习。应确保记忆这一细致活儿不因睡眠不足或过于兴奋而受到影响，这样，记忆力就会最有效。

如果我们记得如何学习，那么我们就能学会记忆。

第五节　记忆术

据说麦考莱[①]在阅读报纸的首版（包括广告和其他所有的内容）后，能一

① 麦考莱（Baron Macaulay，1800—1859），英国历史学家、文学家和政治家。——译者注

字不漏地复述出整页的内容。丁尼生[①]有着很好的记忆力，他看过一遍的诗能记得很清楚，以至于他经常不知道这首诗是他引用的，还是自己创作的，这些人自然是天才，而训练不可能使他们有超常的记忆力。我们不得不接受我们天生的记忆力，并充分利用它。

许多人都想去上一门被吹得天花乱坠的课程，并由此使自己的记忆准确无误，这应该是可能的。我的话一定会使这些人大大失望。但必须牢记，记忆还包括学习、保持和回忆三个过程。我们已经看到的，学习可以改进，而这种改进又可以提高回忆，但要提高中间因素——保持是不可能的。我们以及我们的神经组织天生都有一定的保持能力，对此，我们或可在有限的先天条件下予以发展，或可因为身体或脑过度疲劳而加以损害，但我们不能有所增添。

因此，严格地说，记忆力和其他物质一样，能被节约，但不能有所增添。增加一腕尺[②]的身高要比增加一点天生的保持力容易。

可是，这并不意味着介绍的记忆方法毫无用处。若加以合理对待，它们也是有用的。就我本人而言，我不能从中受益很多，但我知道许多人发现它们很有价值。可能我自己的失败是由于我没有用必要的时间照这些方法去做，也许我做的这类工作与记忆方法没有联系。在任何情况下，都必须记住，没有任何方法能产生最好的记忆力，最好的记忆力源于对自己的专业和业务的透彻了解与掌握。但对于那些完全熟悉自己的工作并精通细节的人来说，当被要求记住一串无联系的内容时，也会出现偶发情况。在某一段时间，知识难以起作用。

例如，有一个人发现在他的业务中，记住客户的名字很有用，因为名字太多，而他每月仅仅接触部分的名字，因此这件事情很难，他还想不靠笔记本记得他演讲中的六个连续的要点。似乎毋庸置疑，在这些情况下，记忆方法是有用的，从使用过这些方法的人的报告中，可以了解到这点。当然，仅仅对所要记忆的内容加以适当的注意，也可得出同样的结果。但事实是许多人并不对此加以适当注意，必须教他们去这样做。更好的记忆方法是，一段时间后就无须

① 丁尼生（Alfred Tennyson，1809—1892），英国诗人。——译者注

② 腕尺（cubit）是古代的一种度量单位，自肘至中指端之长，约18至22英寸。——译者注

使用这种方法。如果这样，这种课程很有价值，它训练人们对所有的内容和目的给予注意，加强对某种内容的记忆。

这种方法可划分为两类，一类依靠言语联想，另一类依靠伴有视觉图像的关键词。我们先来举个例子，如果你希望记住下列购物清单：

黄油

牛排

土豆

地板蜡

书写纸

鞋带

生发灵

管道清洁剂

爽身粉

发网

如果使用言语联想的方法，通过牛这个词，黄油可与牛排联系起来。牛排和土豆几乎无须联系，土豆一般装在袋子里，袋子放在地上，因此和地板蜡相联系。地板蜡使地板光亮而平滑，像质量上等的书写纸，书写纸用来书写法律契约，契约是有约束力的，和鞋带相联系。鞋带湿的时候像细线一样，头发也是这样，使我们想到生发灵。生发灵使头发干净，与管道清洁剂相联系。在管道弯处有白色的灰，像爽身粉。爽身粉与盥洗室、洗刷头发和发网相联系。

因此，使用这种方法可记住清单，如下：

黄油……牛奶……奶牛……**牛排**

牛排，土豆

土豆……袋子……地面……**地板蜡**

地板蜡……光亮而平滑……**书写纸**

书写纸……法律契约……约束力……**鞋带**

鞋带……湿的时候像细线……头发……**生发灵**

生发灵……干净……**管道清洁剂**

管道清洁剂……管道……白灰……**爽身粉**

爽身粉……盥洗室……洗刷头发……**发网**

这样当然能记住，评价这张清单时，课堂上的练习用来组成新联想，因此这很容易做到。擅长这种方法的人无疑能设计出比给定线索更令人满意的线索。例如，土豆和牛排之间的线索并不很好，因为餐馆中还会有其他通常与牛排一起出现的食物。很可能有人用这种方法记忆清单，结果联想的是上等牛排与作料，买回家的却是电灯配件。

读者也许能改进词链，这是有用的练习。在第二类记忆法中，有一个词语框架，通过心理表象的方式，不同的物体被添加进去。以下是一个关键词表，很简单，也很短：

1. 我自己，我
2. 嘟嘟声，火车
3. 当铺的球
4. 高尔夫球手（四人对抗赛）
5. 手，五个手指头
6. 病，医院等
7. 骰子，“7至11点”
8. 吃，餐馆
9. 德国人
10. 帐篷

如果现在要求用这种方法记忆同样的清单，我将设想一幅画面：我的口袋里装满了黄油，在炽热的阳光下，也许黄油已经化完了。火车被想象成在一块巨大的牛排上行驶。当铺外面挂着的不是三只金色的球，而是三只土豆。高尔夫球手在打过蜡的地板上正试图击球，并且很滑稽地跌倒。手被想象成穿过一大张书写纸的拳头，病人被鞋带捆在床上。四个秃头的人正在为一瓶生发灵而掷骰子。一个人坐在餐馆里，像吃面条那样吃管道清洁剂。一个肥胖的流着汗水的德国人一边沿街而走，一边在抹爽身粉。一个大帐篷被想象成挂在门口的巨大发网。

这样，每个关键词应该先被记住，都在心理表象中与一件物品相联系。当然，在更精致的记忆术中的关键词远非10个，但原则是一样的。稍加练习就可发现，通过关键词表可非常容易地记住10样不需要按照同样顺序回忆的物品。因此，学会这种记忆术的人能够立即说出第七种是生发灵，第三种是土豆等等，而运用其他方法则无法做到。记忆术还有类似的方法可记忆面孔或名字，也可记忆图像。

我曾经见过一屋子的人为了一个年轻人而又惊又乐，这位年轻人要求在场的人开列两张有10件物品的清单。例如，有的清单上开列了牙刷、福特汽车、字典、割草机、汽轮机、铅笔、椅子、剃刀、飞机、三角形。这些词以15秒的间隔加以重复，然后，再给他第二张这样的清单。之后，两张清单要能复述，或者要求他根据编号说出其中一张或两张清单上的任何物品的名字。因此可以这样问："第一张清单上的第七种物品和第二张清单上的第二种物品是什么？"他能准确无误地回答出"椅子"和另一张清单上相应的物品。

但是，必须记住，总用这种方法并不能培养最好的记忆。我们已经指出，最好的记忆是基于对科目的完全理解，但二者都不能使一般人的记忆力与特别有天赋的人相当。至于本章提到的两种方法的长处，则因人而定。我知道，有人用这两种方法都很有效，第一种依靠连结字面名称的方法，在英国被广泛运用。这也许因为对许多人来说，该国的教育是"古典式"的，更多地强调词语运动的练习。

第六节　"前三次课免费"

这个标题暗示了粗心的人常常会落入的陷阱。假设一个人希望学习法语或速记，在看报纸时，他看见了这样一则消息：

“三次课就能取得令您惊异的效果。您能在很短的时间内学会用法语说出屋内物品的名字，最初的三次课是免费的，如果您对自己的进步感到满意，寄给我们五美元就能学习余下的课程。”

所期望和要求的推论是，如果三天就能取得这样的效果，通过六个月的学习有什么不能做到呢？

而结果可能是，最初辉煌的三天所取得的进步，可能会与以后两周学习取得的进步一样多！

学习遵循效果递减律。如果一个人在他的领域中工作了两周，取得某种收获。如果他又工作了两周，共计一个月，实际上他有了更大的收获，但并不像期望的那样多。如果他工作了20周，可能要专家才能辨别出他的收获比仅仅工作18周的人多了多少。

增加的每个工作周期都比前一个工作周期效果差，同样，增加的每个学习周期效果也会递减。所谓的“学习曲线”最初进步明显，然后逐渐递减。

练习的最初阶段取得的效果远远大于最后的阶段。例如，一个熟练的打字员想提高速度，发现前五天的工作，可使打字速度从打字员的最初速度——每小时350个单词，提高至每小时460个单词，每小时增加了100多个单词。而从第40至第45天，每小时只能多打不超过50个单词。接下来的五天进步更小，每小时多打的单词不超过15或17个，几乎接近于极限了。可以确定地说，用同样的方法，下个月的练习将不会有效果。同样的时间，都是五天，进步的速度从100至17个不等。

学习中的进步并不是均匀的，总有些时期，人们似乎没有进展，这是容易令人沮丧失望的时期。人们会放弃课程，或更换教师。高原期即学习曲线的停滞点，是引起大量争论的课题，对此有许多解释，但我们不打算涉笔。一般来说，会有一个多少有点神秘的停滞过程，只有将原有的习惯导入这一过程后，方能习得其他新的习惯。如果一个人学习拉丁语，那么，只有达到单词的变格被完全掌握之后，他才会在翻译上取得明显进步。而学钢琴的人只有达到对音调和键盘的位置完全熟悉，才能熟练起来。还有人认为，没有明显进步的时期是因为形成兴趣的缺乏。教师往往都能观察到这样的情况：有时早晨的课堂上，学生的注意力几乎无法集中。这样的早晨，通常都是前一晚的产物。选举游行、舞会或其他更有趣的事情都使得次日的学习无法进行。天气经常会引起学生明显的无精打采，一些人声称学生是极好的晴雨表，不用外出，只需看看他们就可以说出天气情况。

这些事会引起学习的停滞，如果画出进步曲线的话，这会导致高原期。很显然，高原期并不神秘，它们缘于这种或那种注定的原因，它们简单地表明了这样的事实，个体总会遇到阻止进步的障碍，光滑连续的曲线只是理想化的。一个好的教师就会认识到所发生的正是这样或那样的原因导致停滞不前。教师要做的最重要的一件事是使学生的大脑工作顺畅，防止停滞。

学习进步研究中一个令人鼓舞的结果是：如果我们对进步加以有意识和明智的注意，我们所做的几乎所有的事情都能得到提高。哥伦比亚大学的桑戴克教授指出，在他的实验中，“只有指望着有所改善来对心理机能加以训练，并给效果律以适当的作用机会”，才会有进步的发生。

我们都在浪费时间和自己的生命力。我们可能处于这样的状态中，一些火车头的效能为40%，而我们的脑力和生理效能却比这还低得多。我们当中几乎没有人训练每天的日常工作。而桑戴克教授却发现，如果每天用七个小时做诸如三位数乘以三位数的心算等活动，速度可提高不止两倍！

未来的教育或许是通过教会我们如何恰当地去做日常事务，从而能使一天当作两至三天用，甚至当作一周用。我所认识的某些孩子把早晨穿衣的时间缩短了一半，这正是想出最好的方法并加以训练的结果，我们中可能几乎没有人读书像他们的效率那么高。科学管理已经表明，一般技工的方法往往造成惊人的浪费。砌砖工人仅仅因为被告知如何去做并加以练习，就会使工作产量大大提高，甚至像给卡车装载生铁块这样的工作，只要有正确的做法，并对此加以练习，也能有很大提高。有一个关于女孩们在工厂折手绢的实验表明，折手绢的数量可增加300%！这个奇迹的发生，仅仅是因为每工作五分钟便休息一分钟！

我所认识的商人没有一个曾经有意地练习过口述信件。毋庸置疑，通过这样的练习所节省下的时间是所用练习时间的许多倍。

未来的学校无疑要教会我们如何在生活中节省精力。未来的人将会用较少的努力去完成较多的工作，他将会使同样多的神经能量和强度去发挥更大的作用，因为他不会花费自己的精力去做不必要的事情。

他将被教会在每天的任务中使用最好的方法，而不是“提取”他的技能。他会生活得更好，因为他被***教会***如何生活。

第七节　测验表象

皮尔斯伯里[①]教授的一个简单实验将有助于读者理解这一节的内容。请读者回忆水从水龙头流入洗涤槽的情景，究竟是水的声音立刻出现在眼前，还是视觉画面先出现，而声音尾随其后？

那些先***听到***水声，再经过努力看到画面的人倾向于所谓的听觉记忆，这些人用声音记忆和思考。那些***看见***水而难以听见水声的人，一般是视觉记忆型的人。在这个实验中，30个人中通常有两三个人听见水声优先于看见水景，一些人必须通过相当的努力才能回忆出画面。

许多人看见水景与听见水声的时间相同。他们一般是混合型的人，通过一定听觉与视觉表象的联合进行思考与记忆。也有其他的类型，例如“动觉”型，即根据肌肉运动进行记忆。也许还有言语型，把所有的事物归于语词。

最著名的表象研究，认为真正的感觉并非由最初的刺激所产生，这个研究是由著名的英国科学家弗兰西斯·高尔顿爵士在40年前做的。弗兰西斯·高尔顿爵士给许多杰出的科学家提出了一系列问题，目的在于发现他们的心理图像或表象的清晰程度如何。他要求他们回想他们早上坐下就餐的桌子的形象。诸

---

① 皮尔斯伯里（W. B. Pillsbury，1872—1960），美国心理学家。——译者注

如此类的问题，都是围绕心理表象提出的。

表象模糊不清还是相当清晰？是否和实际的情景一样鲜明？

瓷器等的颜色很清晰自然吗？

您能否回忆出所有亲朋和许多其他人的不同特征吗？您能否随便地使他们在您心中的表象总是坐着、站着或慢慢地转身？您能否有意识地回忆起一个很熟悉的人坐在椅子上的形象，并且清晰得可以随意画出草图（如果您会画画的话）？

还有一个要求是回忆起一定的表象，思考这些表象与实际感觉相比较，是很模糊、模糊、一般、清晰或是生动。这些表象包括雨打玻璃窗声、鞭子抽打声、教堂的钟声、蜜蜂的嗡嗡声、铁路上的汽笛声、盘子里茶匙的碰击声、嘭的关门声。

对100个人的回答进行分类。第一个问题是问这些表象的清晰程度。那些报告对早餐桌有最清晰的表象的人回答是："明亮的，有特色，从不脏。"

清晰度为75分的人声称：

"相当清楚，实际情形在相当大的程度上被表现出来，轮廓清楚。各部分互不干扰，但注意连续指向不同的点。"

50分的人这样报告：

"相当清楚，鲜明性可能至少是原先的一半至2/3。确定性（如画面的鲜明度）变化很大，一两个事物远远比其他事物清晰。但如果加以注意，后者也能清晰地表现出来。"

获得25分的人的回答是：

"模糊，当然不能与实际情景相比，我必须分开回想桌子上的各种物体，使它们清晰地浮现在眼前。当我想某些事物的时候，其余的逐渐暗淡，令人混淆不清。"

最低分的人说：

"我的这种能力等于零。在我的意识里，几乎没有与客观的视觉形象相联系的记忆，我回忆桌子的形象，但想不起来。"

通过这一量表，人们大致可以评定自己的心理表象能力。如果读者对早餐桌的回忆超过75%，他可给自己评定75分。如果介于75%和50%之间，可以评定67分，以此类推。

人们的心理表象能力有如此大的差异，令学术界大为惊讶。弗兰西斯·高尔顿爵士认为，年轻女性的这种能力较强。有些幼儿的此种能力发展得很好，甚至不能区分哪是现实哪是表象。但通过练习，表象能变得更加清晰，使用上一节所描述的第二种方法记忆的人一般会出现这种情况。

当然，艺术家一般有很清晰的记忆表象，而音乐家一般会有非凡的回忆声音的能力。这究竟是归因于自然天赋还是训练，很难定论。

可能两者都在一定程度上起着作用。多数伟大的作曲家在这方面有很强的天赋。贝多芬耳聋以后还创作了他永远听不到的大型交响乐。依靠记忆写出长篇美妙乐章的莫扎特，一定能轻易回忆出一般人不能觉察的声音。但仅仅有很强的听觉记忆，并不能创造出莫扎特，似乎大脑中的形象或其他表象的清晰度与智力之间并无关系。实际上，高尔顿认为，科学的思考习惯磨损了头脑中的形象。

因此，从字面上看，“科学折断了想象的翅膀”这句话是正确的。

第八节　遗忘的天赋

有一个传说故事描述一个年轻人获得了某种能力，他能听见世界上每一个人关于他的所有话。最初他觉得这种天赋很有趣，但一段时间后，这使他难以忍受，以至于这个年轻人祈祷有遗忘的天赋。听听有关自己的闲谈很有趣，但是，这只能在你有选择时间和时机的自由时才会如此。记忆是有用的，没有它，我们不可能利用过去的经验。但是，能记住发生在我们身边所有事情的普遍记忆，很快就令人难以忍受，因为我们许多的过去经验今后并无价值。

实际上，记住过去一切的普遍记忆就像膝盖上的万向关节那样荒唐。我们不得不选择值得记忆的内容，犹如人体的本能选择了膝盖运动的很有限的方向。记得一切便意味着记得昨天、前天、前年的所有无关紧要的细节。1913年1月12日，我们吃了什么晚餐和那个有趣的晚餐中我们交谈的每个词，那天我们所系领结和所穿外套的颜色是什么，多少次我们把叉子伸向嘴巴。这还意味着能回忆出谁先离开桌子，离桌而去时，脑中又想些什么。而这仅仅是一天。在我们生命中的每一天，我们不得不记住所有的这些事情，甚至更多，如天气怎样，我们看见了谁；如在这天中的任意一刻，我们想了些什么。的确，遗忘是一种天赋。在100件这样的事情中，没有一件值得回忆，因为没有一件在另一个情境中对我们有帮助。人们可以发现任何时候那些显然对琐事有近乎于普遍记忆的人，真是毫无意义。他们聚集在某处，互相讲述10年前的这天，他们吃了什么早餐，三天后他们消灭了多少苍蝇，农民预言下周会有什么样的天气。这是个有趣的地方，不客气的称呼就是疯人院。

我们选择应当记忆的内容，犹如选择应当注意的事情。作为一个普遍规则，当前的事件和经验比以前的更为重要。记住今天早晨下雨了，或者昨天早晨下雨了，比记住一年前的天气重要得多。如果我通过日常的商务途径会见一个人，对于我来说，在他与我的交谈过程中，记住他的名字是很重要的，但记住饭店大厅中偶识的人以及我与之共舞过的所有舞伴的各类复杂的名字，就不是那么重要了。一般地说，当前的是最重要的，人体的本能安排人们记住当前的事物，而以前的通常会被遗忘。

现有的科学实验已经发现了遗忘进展的速度。人们发现最初遗忘进行得很快，随着时间的推移，逐渐变慢。一个研究者在研究记忆无意义音节时发现，八小时后会遗忘50%，而大部分又能在第二天恢复，六天后50%会永久性遗忘。其他人用不同的材料研究发现，24小时后只遗忘了20%，一个月后遗忘了76%。第28至第29天之间遗忘的远远少于第一天和第二天之间遗忘的。实际上，如果画出第一天遗忘速度的曲线，最初是直线下降，随着时间推移，斜线渐渐平缓，大约到了第一天末尾时，差别已经很小了，这种曲线被称为遗忘曲线。

有人建议根据遗忘曲线来发送所谓的系列后继信息，其中就有心理学的一个令人生趣的应用。显然，如果顾客在月初收到一封信，还无法确定以后定期收到其他的信，而如果这些信件到达的日期都落在曲线的最佳记忆点上，那么以后的信件到达的日期就能被非常仔细地计算出来。

精神分析的创始人、维也纳的弗洛伊德教授，曾提出过关于遗忘的一些有趣的观点。他认为我们记住了愉快的事情，忘记了不快的事情。有一个例子是关于他的观点的最好证明。

某个英国教师，有一天不得不讲到互补色：红和绿、蓝和黄，到了教室，他开始讲颜色的配对，却发现他无法回忆起与红色相对的颜色。他想到了蓝色和黄色，但他知道这些都不对，最后他不得不在书上查找，令听众很惊讶。这件事情使那位教授十分不安，他就像熟悉自己的姓名那样熟悉颜色，并已讲过了许多次。因此，他试图找出原因。

根据弗洛伊德的观点作出的解释，虽然很奇怪，但却完全能令人满意。就在上课前，他浏览了当天的早报，其中有一则报道，爱尔兰国家党的一个派别在纽约发起动乱。一面绿色的旗帜在街上扛来扛去，有几个英国人受到了侮辱。虽然对爱尔兰人的处境很同情，但这件事使这位教授感到很痛心，进教室后，他曾对此作过评论。因此，绿色突然与极不愉快的事件联系了起来，并从记忆中排除了。

根据弗洛伊德的观点，这是有意的遗忘，因为它十分令人不快。同样，他认为，所有遗忘的目的都是为了抑制痛苦。

许多其他的例证都证明了这一点。弗洛伊德讲了一位女士的事情，她在婚礼前一天，忘记了试婚纱，后来却不得不在晚上穿上。整个婚礼令她不快，不久，她就与丈夫离婚了。有一个流传的关于新郎在婚礼上忘记带结婚戒指的笑话，和另一个关于许多不情愿的新郎作最后动摇的笑话。弗洛伊德认为，这两个笑话可以很好地联系起来，他指出，没有哪个深深坠入爱河的人会忘记带上新买的结婚戒指。还有另一个被老朋友遗弃的人的类似故事。不管他怎么努力，他都不能记住那个成功的对手的名字，不得不让其他人告诉他。实际上是他自己努力把关于那个人的内容从头脑中赶了出去，而且是从忘记那个讨厌的名字开始。当我还是个孩子时，我母亲经常说起我已经忘记的事情，“你是不想记住它们。”也许，她比我或她所想的更接近真理。

我并不认为弗洛伊德所说的观点全部正确。显然，遗忘的原因并不全是由于试图压抑不愉快的经验。实际上，某些研究者后来认为，令人不快的内容并不比令人愉快的更易遗忘！尽管有这些结论，但似乎更多的是这样一种说法，若解释任何遗忘的特殊事件，要看它是否真正触及了遗忘者那些难以表达的愿望。有时可以用这种方法发掘出那些在未引起怀疑前表现出的某些喜欢或厌恶的征兆。如果一个虔诚的信徒忘记了新牧师的名字，可以确定那个牧师并不很受欢迎！如果一个医生发现通常准时付账的病人忘记了付账，他可以怀疑病人认为自己被收取了超额费用。怀疑奇怪的错误，你会发现一些潜在的东西，在许多情况下，至少，遗忘的天性就是隐藏不快。

第九节　故地重游的感觉

在日常生活中，会有一种令人困惑、难以捉摸的经历，我们在一个陌生的地方，也许就是在度假中初次去的旅馆，突然没有任何预兆，某种熟悉感便自发产生了，我们立刻熟识了整个场景、窗户、门、图画、窗外的景色。我们认识与我们交谈的人，虽然就自己心里明白，直到这一刻，我们还从未见过这个人。我们甚至知道他在说什么，虽然并不可能知道他将说什么。

我们好像有那种以前经历过这一切的感觉！然后，在一瞬间，这种幻觉又消失了，房间还是正常的房间，墙壁和窗户失去了亲切感，还是陌生人在说话，风景是新鲜而又陌生的，时光的车轮又重新转动。

每次发生这种事时都有一种奇怪的经历。如何解释呢？

一些哲学家认为我们每个人都有前世，例如，古希腊人毕达哥拉斯的追随者们就持有这样的信念，他们认为自己的老师就已活过了多少次。其中有一次他便是攻击古特洛伊的战士，在后来的生命中，正如诗人贺拉斯说：“他目睹了古特洛伊的时代，脱下了古老的盔甲，死去的只是他的肉体。”那些创造了数千年历史的传奇人物，会在脑中闪现对某一场景的熟识感，这场景当然是人类久远的过去所经历过的。有些人直至今天还持有这样的信念。诗人华兹华斯[①]在他的《不朽颂》一诗中写道：

所以，在风静天高的季节里，
尽管在内陆，离岸很远，
那把我们送到这儿的不朽海域，
我们的灵魂能够看见。[②]

整首诗充满了同样的信念，即我们曾在世上生活过，不时会有过去生活的闪现。故地重游感就是其中之一。

另一个听起来多了些科学性、少了些神秘感的解释，与大脑活动有关。读者应当记得大脑有两个半球，一般情况下，右半球控制左边的躯体，反之亦然。这暗示在一般情况下，看见房间时，信息是同时到达两半球的。

但假定因为这样或那样的原因，一边收到信息比另一边早一些，因而，当较慢的信息传到时，我们已经见过房间了，由此便产生了再认感。这个有趣理论的不幸之处在于它似乎并不正确。没有证据说明信息在不同时间被传入脑中，而且，即使是这样的话，它也很难说明再认感是如何产生的。这种理论很稀奇古怪，我们必须寻求别的解释。

完整的记忆过程有四个必不可少的步骤。首先，我们必须学习。一般说来，要求记住的内容与唤起它们的刺激必须被一同体验，尽管有时连结是通过中介产生的，因此，如果我们想记住某画廊的绘画，最好去画廊看看那些作品。第二，我们必须保持记忆，显然，没有保持，也就没有记忆。

① 华兹华斯（William Wordsworth，1770—1850），英国浪漫主义诗人，浪漫诗歌理论的奠基人。——译者注

② 译文转引自黄杲炘译，《华兹华斯抒情诗选》，上海译文出版社，1986年，第189页。

第三，当问及那些画时，或当其他情境引发记忆时，我们必须根据画的名称，或通过其他途径回忆起这些画。最后，当回忆这些画时，我们必须知道，我们在回忆实际的经历，而不是在创造画廊的名称和画的标题。因而，记忆的最后一步是再认。

经常会出现这样的情况，我们记得很清楚，却无法再认。有许多名言已经成为语言的一部分，我们很容易在并未意识到它们是名言的条件下运用。有时，还会伴着有意识的兴奋，好像是我们最初说出了充满智慧的话，一些人的许多幽默都属于这种类型。人们作出的评论也许是莎士比亚早就听他的一位朋友说过的，但人们却相信评论是他们自己作出的。同样，年轻的作者经常通过创作过程，写出完全模仿他人的作品。他们记住了，却无法再认。前一节提到了丁尼生的记忆力，他经常不知道他是在引用还是在创作。这不是真正的记忆，因为缺少再认。

因此，没有再认的回忆是可能的。可是有时存在着没有记忆的再认，当一个人有故地重游的感觉时就是这样。例如，假定我参观了一个画廊，又去了另一个有画廊的城市。也许房间的角落里有一些不显眼的细节，例如与前一个画廊同样的镀金柱子。这就有可能被看见和再认，但再认的感觉，也许蔓延至整个房间而不仅仅局限于一个细节。在那种情况下，我可能没有意识到究竟是什么引起了再认感，但能感觉自己对整体能够再认。

简单地说，“故地重游的感觉”缘于错误的再认，因为实际上是对场景中某一细节的再认，然后蔓延至整个场景。

通常爱找麻烦的人能找出这种引起错觉的细节。这种细节常常是由一种气味产生的，而这气味却一度全然不能被觉察。我曾听过一个与此有关的故事。有一个人无论什么时候到某间房子时，总是能模模糊糊地回忆起过去的某些内容。仔细思考这件事后，他发现在西班牙的旅行引起了某些再认的形象，然后每件事都变得明朗起来。西班牙之行，他参观了许多教堂，这些教堂与香火的气味有联系，因此被记住了。他参观的房子主人有烧香的习惯，这种淡淡的香味总是弥散在房子里。这种气味是联系两个场景的桥梁，引起了错误的再认。

我们有时说“熟悉的气氛”，这个短语在字面上经常是正确的。实际上，它可能是“神圣的气味”，这样的表达源于天主教堂中淡淡的香味。

第十节　心灵感应可能吗

本世纪初，在德国出现了像所谓“理性的马”这样的现象。克莱克大学的校长桑福德[①]对这个被称为“聪明的汉斯”的动物作了有趣的描述。他是一个目击者，听见了有人向那匹马提问，并看见汉斯作出了似乎明智的回答。“那是一匹黑色的种马，”他写道，“是匹骏马，大约八岁。用德语对他说话，但没有着重语气，我们被告诫，他不回答用法语或拉丁语提出的问题！”

“站在他身边的主人，和蔼地对他说话，向他展示随意挂着的三块小黑板，黑板上分别画有一个箭头、一个圆和一个正方形，主人要他指出箭头，汉斯走向了正确的黑板。”后来又问他圆有多少个角，他很正确地摇头作答。然后他又以敲击正确数字的方式指出一排绅士中哪个最高，哪个最胖，哪个是官员，哪个拿着剑，哪个胳膊上挂着吊带。

但这仅仅是个开始。那个非凡的动物能说出4×4及4+4等于几。他能算除法和减法题目，例如，指出哪些数能被28整除。这最后一个问题，他是通过连续敲击2、4、7、14和28作出正确回答的。他能把分数转换为小数，反之亦可。他通过先敲击9，再敲击10的方式，正确地做出了2/5+1/2的答案。当他做错时，他能纠正自己的答案。

他指出哪块黑板上写的是某个单词，哪块黑板上放的是某种颜色的布。他拼出了“那位女士手上有什么？”这一问题的答案。在一次提问中所指的女士手里拿着的是一把雨伞，汉斯根据某种敲击方法拼出了这个单词。他回答了“7：35时，时针指在哪两个数字之间？”的问题。他指出了钱币的面额，指出了皇帝的生日，通过照片辨认出人！

① 桑福德（Edmund Clark Sanford，1859—1924），美国心理学家。——译者注

但最非凡的事情还在下面。他准确地猜出了一位绅士心中所想、却没有说出来的数字。他取得了“令人震惊的成功”。

“我们所在的地方对此没有影响。我们可以在任何想在的地方，可以从任何角度看。马完全自由，完全是通过声音来支配他，通常的奖赏是面包和胡萝卜。如果他理解了一个问题，就用点头的方式告诉我们等等。”

一个真正神奇的动物！这个奇迹被各种人所证实，包括驯马师、心理学家和普通公众。数百个合格而又细心的目击者观察了这一事实。我们有意地直截了当地把它们描述出来，因为这些足以令人吃惊的事实本身就是说明。

读者脑中也许已经掠过了一丝怀疑，让我们立刻回答这个问题。马的主人是“一所普鲁士学校的退休校长，60多岁，通常穿着一件长长的破外套，戴着低垂的脏帽子”，他有无法令人怀疑的诚实，从不接受钱。他拒绝所有提供舞台演出机会的人，或以任何方式利用这个动物。他似乎真正相信自己的宠物具备某些超自然的理性能力。两个资深的委员会（军官委员会和驯马专家委员会）都没有发现任何欺骗的证据。

这里还有另一个令人震惊的事实。这匹马除了按照主人的指令表演外，也解答其他人的问题，包括那些无可怀疑的诚实人！这似乎完全排除了主人欺骗的可能性。如果像许多人声称的那样，以心灵感应来解释此现象，那这种心灵感应不是这动物与一个人之间的了，而是与一整群人之间！

排除了欺骗，似乎还有一至两种可能。马也像斯威夫特所写的《格列佛游记》中通人性的马那样具有理性，或者一个人的心灵能直接作用于另一个人的心灵，即所谓的心灵感应。这些解释的困境在于：它们都与心理学家所相信的其他事物相悖。

如果一匹马，它具有众所周知的马的神经系统，具有马的大脑，这匹马能够做数学上的开方，指出一天的时刻，那么，一代代科学家们的劳动，他们仔细记录积累的成千上万种事实，建立的成百上千个实验室，都将是毫无意义的。

如果一匹马，没有与任何物理刺激相联系，就能知道一个人的思想，指出他在想的数字，那么我们真的不得不扔掉自己的书。

心理学被推到了心灵感应这一魔鬼与这匹能计会算的马这一万丈深渊之间！

后者的可能性首先被科学研究所排除。例如，已经证明了动物根本不能读出数字！

当卡片上的数字只给这个动物看，唯有他知道所问的数字时，49次中他只对了4次！而当在场的人都知道答案时，42次中他仅错了1次！当他在“阅读”时也是一样，当旁观者知道他应该指哪张卡片时，他***从不出错***。当他们不知道时，他***从不会对***。当一个实验者小声地告诉他一个数字，另一个人告诉他另一个时，汉斯几乎都能作出正确的答案。此外，当房间里有一些人知道答案时，他也不会错。否则，他几乎从不会对！似乎我们应当把心灵感应写进教科书！

实验者然后试着给这匹马戴上眼罩，使他不能看见旁观者。第一次汉斯似乎迷惑了，他不断转头，为了看见提问者。即便问题还没有提出，尚在考虑之中，只要提问者考虑到***答案***，并让马看到他，那么答案就错不了。

这个谜给整个神秘事件提供了线索。通过仔细观察他的同伴，一个实验者发现，汉斯在回答问题时，那些提问者的头和身体总会做出某些轻微的运动。而这些运动是由那些曾提问成功者做出来的。如果这些运动是故意的，汉斯也会做出一些运动，虽然会因此得出错误的答案。那些提问的人微微低下头，看那匹马在干什么，到正确的数字时，头又抬了起来。马立刻就停止运动！通过观察这些旁观者几乎无法觉察的运动，“***这些运动通常只有百分之一英寸的范围，或者更小***”，汉斯能判断出何时停止。因此，在对旁观者的局部运动作出简单反应时，他表面上是在解决问题或发现旁观者思想，实际上他是个最杰出的“躯体观察者”，而不是思想观察者。正如桑福德教授所说，他感兴趣的是面包和胡萝卜，他用自己所能做到的各种方法去得到它们！

实际上，这个问题后来又由他人提了出来，目的在于表明汉斯确实能够推理。人们对其他的马也进行了训练。尤其有一匹马，“开方能力特别强”！他正确回答了下列问题：614656的4次根是多少？5832的3次根是多少？他给出了方程$x-48=46$和$\sqrt{x}x+12=18$的答案！最初的委员会并没有对有关这一奇才的种种说法进行检测，但似乎毋庸置疑，这个动物运用了与汉斯同样的方法。

心理学又可以喘口气了！

举出汉斯的例子，是因为它将两个问题结合了起来。第一，是动物抽象思维的可能性；第二，是心灵感应的可能性。在介绍了这匹聪明马的事例之后，我能给出可能是大多数心理学家在思维迁移这一问题上所持有的意见。

就我们所知，在目前的科学状态下，从一个脑中到另一个脑中，不通过任何中介物质，便在有意识的心智与心智之间直接进行思维迁移，是不可能的。在严格的条件下进行这种迁移的尝试，总是以完全失败而告终。

像我们所拥有的那种思维，似乎有赖于身体和大脑，必须由一些一般是外在的生理变化所引发。似乎可以确立的思维迁移的事例，最好的就是类似汉斯身上所发生的事例。

例如，让我们采用波德摩先生所著的《生命的幽灵》一书中描述的实验做例子。这本书包括了也许是已出版的书中对一般所谓的思维迁移的最科学的解释。这些例子中所用的实验者是无须怀疑的诚实人。目击者的证明乍看起来都是绝对确定的，而且，在考察中，他们对心灵感应给出的证据似乎并不具有让我们排斥数代心理学家劳动成果的特征。

有一回，一个人出了房间，而其余的人则决定好一种物体，让那个出去的人回来时说出名称。也许举个例子能对发生的事作出最好的说明。

“每个人轮流出去，而我和其他的人决定某些物体，让那个出去的人回来时说出名称。经过一些尝试发现，成功的次数明显多于失败的次数，我们都确信：一些很奇妙的事情正在唤起我们的注意。我们最初选择房间里最简单的物品；然后选择城镇的名字、人名、日期、一包中抽出的卡片、不同诗人的诗句等等。实际上它们是随便什么东西或成串的想法。他们（孩子）很少出错。”

当然，除非经过仔细的科学研究，否则不可能绝对地确定一件事情的理由或解释。但如果想到，与那匹马相比，人的智力有巨大的发展，差异是那么明显，马的思维能力可能并不比我们刚出生时强多少，那么，就很容易发现，“聪明的汉斯”的伎俩对于一个聪明的孩子来说，就是很容易的事情。

不仅这是很容易的，而且，比这复杂得多的伎俩也是不难对付的。在经过训练之后，孩子也许就不可能准确地说出使他找出正确答案的线索。同样，一本书的读者会经常说他受了这本书的一定“影响”，或者一个善于观察的人会说，他知道他看到的是哪一种人，却不能说出他为什么知道或如何知道。

显然，他们是仔细而准确的观察者，这本书的作者声称，“对于人的感知通道，没有任何有效的阻断方法”，再说，“如此简单的物体并不要求精致的编码”。必须承认的是，很难想象孩子们从***陌生人***那儿接受信息时，如何利用线索帮助他们从一包卡片里选出一张卡片来。而汉斯从陌生人那儿得到的暗示线索很难令没有亲眼目睹的人们相信。

不难相信，孩子们是被某种线索所引导，以致人们认为他们实际上是在自己头脑中直接接受他人的思想。让我们再次记住，根本没有任何科学实验曾证明过思维迁移的存在。在斯坦福大学和哈佛大学都做了实验。哈佛大学的研究者，一位叫做托南的杰出青年科学家发现，他的被试者完全正确地猜出了全凭几率决定的次数，因此他声称他的“实验证明了几率”。

另一个实验是由格勒先生做出的。这一实验因其独有的特征而值得描述。在实验情境下，一个人坐在房间的一端，他面前放着一个画架，画着一个简单的图形。另一位女士，坐在房间另一端，被蒙着双眼，直到她说准备好时，实验开始。二至三分钟后，要求她移开蒙眼布，然后画出一幅画，而她的画与原来的画有惊人的相似之处，但画架的位置使她不可能看见原来的画，欺骗也是绝对不可能的。

这一直是另一个谜，直到我们想起那位女士没有塞上耳朵！

读者会说，女士不可能***听见***男士在看的是哪种画，并且听得那么清楚，竟能重新画出这幅画。似乎不可能！她不能听见男士看的是什么，这是事实，但是她能听见他对这幅画的反应，他的呼吸是容易还是困难，他的动作是容易还是困难等等。这是母亲听见孩子是否睡着的方法，她通过观察发现了被其他人忽视的细微变化。

因而，这里出现了一个令人震惊的事实，根据新一代心理学家的解释，***几***

乎所有画出的或仿制的画都有性的含义！

让我们看看这意味着什么？当然，我们所提出的解释并不是以任何方式科学地确定的，在如此的时空距离中，这不可能发生，这是一个似乎与一代代科学工作者的成果相冲突的尝试性替代观点。

那位男士的情绪，通过她能听见的他的运动和呼吸，这样或那样地暗示了他画的那幅画，并把情绪传递给了那位女士。因此，房间里传递的这种情绪被女士在画中再造出来，这种情绪是她感觉到的明确的象征。

房间里弥散着感应的“气氛”，具有结伴的性质，每个人都知道这不同于仅仅有男士或女士的房间的气氛。尽管画未被“迁移”，但每个人感受到的气氛却暗示了每幅画。

情绪可做如此传递，这似乎又是一件不可能的事情。然而，每当孩子在床上不停翻身的时候，母亲睡不踏实。每当政治演说者“感到”听众的不满时，抑或每当教师“感到”学生的敌对情绪时，类似的事情总会发生。我们能“感受”到周围的情绪。尽管迹象是存在的，但我们没有人知道这么做的准确迹象。

实际上，在这个实验中，所发生的事情完全好似房间里的时钟像平时一样响了五下。请在场的任何人想出一个数字以便迁移到另一个人的脑中时，这个人会很容易想到数字五。同样，试图猜出其他人在想什么数字的人，也可能想到同样的数字。因此，这是一个思维迁移的恰当例子！

这个例子是对这些奇异的画的一个可能的解释。甚至用这种方法，也很难发现如何产生这些惊人的相似，但这并不比众目睽睽之下的汉斯的技艺更难令人相信。

当我们想起下列事情时，似乎就无须引入心灵感应的概念：首先，画的大部分，具有毋庸置疑的性特征。这方面的专家或许会说所有的画都是如此；其次，这里所讨论的传递都发生在男性和女性之间；再次，画一般随机出现，会很快画出许多成功的复制品，也有许多是失败的。这似乎表明了有某种“气氛”是必要的。面对这些事实，我个人拒绝接受迁移的假设，除非实验在下列情况下被重做：女士的耳朵和眼睛同时被蒙上，重画的是从外面拿进来的画。

将来，如果研究这一问题的人能向我们表明，思维迁移的情况通过了科学验证，这就需要更新我们的许多思想。在未来的某个时间，也许会要求更新，但现在，似乎缺少足够令人信服的事实。我们具有的新思想，似乎要通过这样或那样的物理刺激加以传递，而不是直接来源于另一个人的心智。

第7章

人是主人

汉尼拔将军率军翻越阿尔卑斯山脉入侵意大利，征程艰难曲折。途中，他的军队遇上了无法攀越的岩石。通过观察，他发现这一障碍物是由白垩构成的，于是，足智多谋的将军下令泼上许多醋。岩石溶解了，军队轻而易举地穿越过去。

第一节　为什么从来没有人能画一个真正的圆

有一个著名的故事，说的是迦太基的汉尼拔将军[①]，率军翻越阿尔卑斯山脉入侵意大利，征程艰难曲折。途中，他的军队遇上了无法攀越的岩石。通过观察，他发现这一障碍物是由白垩构成的，于是，足智多谋的将军下令泼上许多醋。岩石溶解了，军队轻而易举地穿越过去。许多人并不相信这个传说，但是古人的这一奇异的故事却巧妙地揭示了一个真理！

当汉尼拔看到岩石时，他能立即说出它是白垩，而且，他还知道白垩遇到

① 汉尼拔（Hannibal，公元前247—前183或182），迦太基将军，曾经率军对抗罗马和入侵意大利。——译者注

强酸会变软溶解。这就是我们所说的概括性知识。汉尼拔能够说出“白垩溶于酸”，这一事实赋予他对付世界上任何一处白垩的能力。

现在看来，同样的知识可以用于不同的目的。克娄巴特拉[①]为了截然不同的目的使用同样的一般事实把珍珠溶解掉，令可怜的安东尼震惊不已，当然，珍珠和白垩是同样的物质。汉尼拔可能去过非洲并捡到过一块白垩，确证了自己能使它在酸中消失。白垩已为他所控制。或者，他曾参观过英国的神秘海岸，并为多佛尔[②]的当地人溶解岩石的行为感到震惊。总之，所有这些情形的关键就在于一种概括性的知识：所有的白垩都能溶于酸。

这是只有人类才有能力获得的知识，因为似乎只有人类才能看到这样一类岩石，并能断定它由什么东西构成，以及什么东西是非本质的属性。狗知道一个特别的小碎屑是食物，但其神经系统的结构并不精密，以至于无法从食物本身分出好坏。它知道哪些食物是坏的，却又不知道它为何变坏，这表明它严重缺乏作为适应工具的这样一种思维能力。

就下面这一点而言，它与人类有可比之处，它必须牢记每张扑克牌上的个别细节才能记住一摞牌，因为它不能辨认在外形一样的牌上，哪颗是红心哪颗是黑桃。

狗只能以特殊性来应付世界，因为它不认识也无法分析出事物的本质。

汉尼拔和白垩之事令人吃惊的地方在于，他以前从未亲眼见过一块白垩！然而又可以说他见过无数的白垩！原来是这么回事。让我们来替他说，在他看来，白垩就是一种纯白色的、有一定密度并能溶于酸的岩石。然而，他手上从来没有一块岩石绝对符合上述条件！全世界从来没有一块岩石是纯白色的。

而且由于潮湿的空气和其他杂质的影响，也没有一块白垩***恰好***具有准确的密度，也从没有一块白垩会***绝对***无残渣地溶于酸，因此我们不可能说有哪一块

① 克娄巴特拉（Cleopatra，公元前69—前30），古埃及最后一位女王，在公元前51—前30年期间统治埃及。她以其美丽博得恺撒大帝和安东尼之欢心，得以拯救其国家。她死后，埃及即变成罗马的一个省份。——译者注

② 多佛尔是英国东南部的一个港口。——译者注

白垩是能真正溶解的。然而，从实用的目的出发，当然白垩就是白垩！

我们还可深入一步。即使有最先进的化学的帮助，也永远不会有人得到一片白垩。假若你不信，我们可以设想让人们做个实验，把一个人送到最著名的化工厂去采集一个白垩样本，使之完全符合要求，即是说，它要绝对纯。结果是，根据买方的特定要求，他多多少少花点儿钱，然后带回一支试管,上面写着，“杂质含量不超过5%或0.05%或0.005%”，视他花钱的多少而定。全世界没有哪一家化工厂会坚持说，他们卖的白垩就是最严格意义上的白垩。假若他这样做了，必将受人嘲笑。科学家们是这样来表达这一问题的：***白垩是一个化学概念，而概念是永远不可能在实际中被认识的***。

同样道理，圆是一个几何学概念。永远不会有人能画一个真正的圆。尽管我们***看过***圆，但画一个真正的圆是不可能的，因为即使用最精良的制图技术画的圆，把它放在显微镜底下观察，其边缘也是像锯齿状的。即使是画在固体上的最平滑、笔直的线段，因为固体是由永远运动的分子构成的，所以我们看到的这条线实际上也是一连串小小的环，快速运动的这些粒子本身又由几乎是无限小的东西构成的，这些东西以惊人的速度绕其轨道运行，因此，我们所画的看似笔直、平滑的线段和圆圈，实际上远非笔直与平滑。

但是，我们画的圆足以接近实际的目标，就像我们发现的白垩一样。尽管概念永远不可能真正被认识，但我们实际上所描绘的是如此接近的概念，因此其间的差异便无关紧要了。我们能够形成或分离出圆的概念这一事实，使我们能够处理世界上的任何单个的圆，并能更好地适应圆所处的条件，尽管我们知道，概念就像彩虹的末梢，永远不可能被人抓在手中。

因而，概念是使我们能够处理无数同类事物的手段。它永远不会被找到，但我们所找到的总是足以接近它的东西。它无限增加着适应能力，统辖着无限的特殊事物的王国。从我们每个人的身上延伸出这些能力，恰似看不见的***心灵***的触角，联系着我们认识的所有事物。

的确，概念是我们超越动物之上的奇妙的优势，是玄妙的思维工具，是人类驾驭环境的能力。

第二节 概念的罗曼司

概念这个东西对于思维和行为的作用，我们在上节中已有阐述，它看起来与罗曼司相去甚远。然而，世间万物的运行是如此奇妙，因而对于概念本质的探讨往往与历史上最浪漫的人物相联系。

整个故事都集中到这样一个问题，“概念是什么？”上节中我们欲说明的是概念赋予人类思维的优越性，因为能够掌握那些永远不能在现实中揭示的化学性质，我们赢得了一种超越宇宙万物的能力，并从此无可限量地发展着对世界的适应能力。概念对我们的作用显而易见，然而，概念是什么，却不易搞清楚。事实上，这个蛊惑着千百万事物的开门咒的本质，几乎自思维伊始，就令思想家们绞尽脑汁。

最早探讨这个问题的是生活在公元前几个世纪的希腊人。在求索多年之后，伟大的柏拉图诞生了。如果按学术语言来表达，柏拉图是一位哲学家，即热爱智慧的人，但他还可能是一位诗人，因为他的观察是如此精细，他描写的美其妙无比。实质上，他就是我们当今所谓的神秘主义者，因为他相信我们所在的这个世界是另一个更高、更神圣所在的缩影，它是伟人经历修炼升华后才能到达的境地。他对于“概念是什么”这个问题的回答是，概念就是唯一真实和正确的事物。比如，我们有桌子的概念，它既包括所有的桌子，也是所有桌子的本原。他还说，另外的桌子带有真实的桌子的性质，也是概念。如果我们掌握了本原，便认识了所有的桌子，因而我们实际上开始掌握了原始的或本原的类型，类型寓于天国（heaven），天国曾是我们的家园。Heaven（天国）或古希腊人所说的“the heavens”（七重天）含有地球上所有事物的原型。汉尼拔或许在出生之前，当他漫游于神圣天国时，就已获得了他日后所有的知识。当他降临人世后，所需要的就是通过教育或其他方式来唤醒这些知识。

这就是神秘主义者的理论。我们感到很难说柏拉图真如他所描绘的，相信天国的存在，但是柏拉图观察问题的方式已赢得了许多现代的追随者，当然，这些追随者们忽略了此理论与前世生活相联系的部分。他们认为柏拉图用比喻宣道，但他的真实含义是，我们周围的事物都趋于不纯，易于改变并终将死亡，而概念才是真正的、永恒的事物。白垩这一化学概念永远不会改变而且永远纯洁，而我们看到的任何样本则由于不断受潮和其他形式的影响，总在改变，而且永远不纯。因此，有什么东西能比想象这样一个地方——“思维的王国”更自然呢？在那里每个事物都是纯洁不变的。

在论战中随后出现的一个伟大人物也是古希腊哲学家，即伟大的亚里士多德。现在看来，亚里士多德在许多方面恰好与柏拉图相对立，他实质上是一位科学家，其思想与现实紧密相连。亚里士多德是首先认识到合作研究价值的伟人之一，而且，他以现代大学的研究班形式，令其弟子外出进行科学考察，而他们将这种形式演变成了中心学院。亚里士多德也以这种方式写作，并对他周围的六七十座城市的管理模式概况作了详细的描写。通过下面的事实，我们可以看出这些研究者的观察是多么仔细，多么精密，如其中一位注意到蜜蜂在其旅途中只采集一种花蜜，另一位则精确地描述了狮子尾巴上毛发的分布状况！

像亚里士多德这样一个人，其目标是那些实践性知识，因而，在其理论中，他将不可能苟同于诗人柏拉图之流的那些神秘学说。事实上，了解了这个人之后，我们差不多就可以预言到他的批评了。

“你们所谓的那些居于天国的理念，并非真正独立的事物，”他说，“它们决不是***真正独立的物质***，以致能居于天国或是其他什么地方。”

“大谈形式，还说我们周围的事物不是理念，但带有理念的***性质***，所有这些都是胡说八道，是对属于诗学的那些隐喻的运用。”因此，科学家与诗人是针锋相对的。但亚里士多德自身却丝毫不能取代他所诋毁的那些理论的重要价值。他自己对概念本质的解释，就像他所批评的理论一样，同样遭到反对，他也同样经历了许多批评家的命运，世人只记住了对他们的批评，却忘记了他们所提供的东西。

下面重要的一节发生在几个世纪之后，即纪元后的很长一段时间内。亚里士多德否认***概念***或***理念***是独立的物质，否认它们像地球上万物的原型一样居于天国。但他依然宣称有一个真正的存在。在现实中永远不可能找到圆周的概念，但所有的圆都在接近它，就像许多桌子一样真实，尽管没有桌子能像一本书或一支铅笔一样被真正抓在手里。一物尽管触及不到，但可能是真实的，就像压力或引力定律的影响一样。

亚里士多德还宣称，概念正是以此种方式成为真实的。但随后即有人怀疑这一古希腊至尊的话，认为概念决不是一个真实的物体。有些人甚至坚持，关于概念，最真实的事物就是名称，名称的循环是我们描绘众多事物的方式，因而没有什么比它更接近概念。这实际上把柏拉图的天国降为一个名称！

这时，历史上另一位浪漫人物挥起了大棒。阿伯拉尔[①]，这个社会的宠儿、修道士、巴黎大学的奠基人，有着“谜一般的矛盾”性格，他推翻了当时那些博学的神学家，他还是历代伟大的情人之一。这个杰出人物与其学生海洛伊斯的爱情故事，成为世上最具魅力的故事之一。他们的结合有段时间是保密的，因而招致海洛伊斯叔父的误解，他对这个恃才傲物的青年人进行了残酷的惩罚，由此演绎了一个动人的同时也是历史上最震撼人心的故事。阿伯拉尔隐退到一座修道院，海洛伊斯去了修女院，在那里彼此交流着忏悔的信件……

正是这个阿伯拉尔也着手研究概念学说，他坚持认为，尽管概念是一个名称，然而又远远不只是个名称。他说：“概念是所有知识的基础，仅仅一个名称是不够的，一个具有圆周概念的人还远远不能为世上所有的圆命名。概念是一个名称，并与心理赋予它的其他东西集结在一起。所有的圆都有相似性，但这个相似性却是心理的产物，并不影响真正的圆。”

这个学说看似很抽象，且看看它的推导。我有一个关于人的概念。按照阿伯拉尔的观点，这意味着人都一样，是存在着的人，正如所有的圆都相似，是存在着的圆一样。看上去这是一个多么民主的学说啊！但阿伯拉尔毕竟生活在封建时代，因而人们可以听到他的如下表述：

“然而这种相似性是心理的产物，它并不影响人的真正存在。”

---

① 阿伯拉尔（Pierre Abelard，1079—1142），法兰西经院哲学家，诗人，神学家，他与海洛伊斯的恋爱成为历史上有名的罗曼司。——译者注

一只手给予民主的东西又被另一只手拿走了！

我扼要叙述了一些人有关概念的思想，这是因为这一争论涉及三位不同凡响的人物，同时，也是为了非常典型地说明，正是通过无数人士孜孜不倦的工作以及一些人的辉煌的思想火花，我们才达到关于心理及其机制的现代观念。成千上万的人曾思考过这一神秘的概念。到阿伯拉尔的时代，这场旷世之争至少持续了1400年之久！用索尔兹伯里[①]的约翰、一位12世纪作家的话（由德·沃尔夫教授摘录）来说："世界在研究这个问题的过程中逐渐衰老，它为解决这个问题而花费的时间要比罗马皇帝们征服并统治世界所用的时间还要多得多。"

对这一著名问题，彼此双方的争论界线分明，可以视做头发的中分线。据说阿伯拉尔之后的几代人已训练自己来讨论这样的问题：一个针尖上能站多少个天使！毫无疑问，在关于宇宙真实性问题的无休止的争论中，多少带有语词游戏的味道。原因是，那个时代的人们把心理视为某种封闭的东西，它作用于身体，而身体作用于世界。概念似乎就存在于心理之中，那么，它又是如何开始与世界上的事物发生联系的呢?

另一方面，假若人们相信概念以某种方式存在于外部世界，那么它们又是如何与显然存在于心理中的知识发生联系的呢?

多亏前辈们的努力，我们今天才懂得，人类存在于环境——他试图满足的所有情境——之中。因而从心理学的角度说，概念的含义可以简单地理解为：只在适当的刺激下，人满足上千种情境中的任一情境的能力。由此看来，概念与行动相连，与古代思想家们所言的神秘、孤立的心灵无涉。至于概念究竟是什么，除了它对我们的作用之外，其余的就留待智者们去解决吧。但有一点可以肯定：那就是我们不愿被迫为才华横溢的阿伯拉尔的观点公开辩解，哪怕是采取这种谦和的观点。

---

① 索尔兹伯里（Salisbury），英国南部的一个城市。——译者注

第三节 如何推理

通常，成年人的行动是相当顺利地进行的。从学校毕业时，我们大多数人已习得了足够多的习惯来度过日常生活中的一般情境。大家或许还记得，在前面我们已谈过穿衣、脱衣的习惯，抽烟、写字的习惯，以及阅读时翻书的习惯等等。英国旅行家道蒂描写了一些不识字的阿拉伯人在翻看他的书时那笨拙的动作……因为他们未曾习得这种习惯，而它实际上是生活在这个国度里的每一个成年人需要掌握的习惯。假设，现在出现了一种不能靠习惯直接满足的情境。如，我心爱的领带上有了一个洞，我希望戴上后这个洞看不出来。

这是一个新情况，靠惯常的方式完全不能处理，这就是所谓的问题。当人类有机体遇到问题时会产生几种可供选择的行动方式，最后择其一。在破领带这一问题中，首先我可能会走开，对问题置之不理。那条领带将被扔掉，用一条新的、不太满意的领带来代替。或者是忽略这个洞，实际上等于没遇到问题。我可能会简单地系上这条破损的领带，管它有洞没洞。或者，最终想到了解决问题的确切方法，使问题迎刃而解。

我可能设计了几种打领带的方法，能够把洞盖住。这就是推理，从根本上说，***推理就是因为这种或那种原因，当某种情境阻碍人的行动时，正确解决问题的过程***。他想继续前往，但情境中的某个事物阻碍着他。于是他“推理”，以便走出死胡同。

再举一例。一次，两个男孩漫步于赏心悦目的公园时，看到了一个修葺一新的池塘。池塘是正方形的，正中间有一座方形的小岛，小岛四周距岸边各20英尺。岛上种着苹果树，眼下正硕果累累。但是，除了在岸边找到两块各20英尺长的厚板之外，两个男孩根本无法过去。那么他们怎样才能既不弄湿衣服又能摘到苹果呢?

孩子们发现有几件事情使他们的处境复杂化了。首先，是苹果的诱惑力。如果没有水，男孩子们可照直走过去摘到苹果。看见苹果对那类肯定的行为起到刺激作用。另一方面，看到水则限制了他们的行为！他们不想搞湿。

于是对男孩子们来说，这个情境是自相矛盾的。如果要解决问题，他们必须摘到苹果的同时也不会搞湿。当然，他们可以放弃问题，而远离这些苹果。另外，他们还可跳进水中游过去。这是“快刀斩乱麻”的策略，但问题并未解决，如果要解决问题，最终的行为必须考虑情境中的每个方面。

要解决问题，过去的经验就要起作用了。池塘边各种各样的东西使人想到不同的解决办法，逐一否定，直到找到正确的方法。一个男孩会建议用一块厚板试一下，因为他过去的经验发现这是渡水的可行方法，后来发现这行不通。另一个可能建议跳下去，但这个办法看上去也不实际。他们或许也想到了木筏，但没有造木筏的木头。每一个建议都是由这一情境中的某些方面唤起的，接着又被另一部分否定了。唤起联想和切断联想的过程，伴随着大脑皮层内部神经冲动的冲突和相互作用。在这个过程中，人们首先“意识”到一种方法，然后是另一种方法。所有的方法都被否决，直到最后找到一种办法，这种办法无需过去的经验，并与外部条件唤起的联想背道而驰。整个事件非常像锁匠的工作，他一把一把地试着他那“万能钥匙”，以便找到一把合适的。但是因为神经系统有复杂的感受器，有神经纤维和合作的器官，有着最为精细的分辨能力，它对唤起的经验有着精彩的适应技巧，因此，神经系统的活动是任何锁匠都望尘莫及的。

最终，作为这种奇迹般的适应的结果，原来看到的两块厚板使另一个男孩受到了启发，从他过去的经验出发，他把一块板子搁在岸的一角，另一块板子从它上面铺过去达到小岛。孩子们发现这是行得通的，于是苹果到手了。

这是一个简单的推理事例，它表明了这一过程通常是如何实现的。必须有一个问题，也就是说存在一个阻碍个体行为的情境，通常这个情境包含着相矛盾的刺激，在前面的例子中，存在着水和苹果，但是，并非永远需要这种矛盾。不过，这样的情景中总有种种刺激，因此，哪怕是一个行动过程也难以形成，而且问题的解决（即推理）总是在于，当最终的行动达成时，情境中的要素都能各得其所。

让我们再看另外一个例子。这次假设一个人在休息前看到了一个象棋问题，并在床上解决了问题。首先，存在一个象棋棋盘的情境，当然，对此情境的理解依赖于他过去学象棋时获得的经验。他的目标是在棋盘上以某种方式走棋子，当然，也是过去的经验在指导他。他希望在三步之内成功地“将军”，但这次他未能立即成功，因为对方的棋更有利。于是他试着走出了一步、两步，而走错的几步令棋子在棋盘的局势中处于不利的境地。最后，方法还是找到了。在纵观全局、并对每个棋子仔细权衡过之后，“将军”成功。从情境中相冲突的部分出发，连结成最后的一步行动。其实，直到第二天早晨，这人都没有真正动过棋子，或许第二天压根儿也没动。在那种情况下，可以说并未彻底地满足条件，但是，使行为适应环境的过程实质上已结束了。

最简单的推理行为几乎总是必须由实际操作的行为来完成。随着条件变得越来越复杂，即要解决的问题越来越困难，在掌握的条件和最后的行为之间的中间过程越来越复杂，拉得越来越长，最终它比最后的行为还显得突出。一个想接近高高的书架的孩子即刻就会实现他最终的结果，他踩一把椅子。一个面临困难的商业问题的人可能会思考一个星期，结果口述了一封六行字的信即解决问题。一位数学家可能用半张纸就写出了问题的答案，可是解决问题的过程却花去他一生的时间。迄今为止，我们这群文明人的行为一直被苍白的思维之网困扰着。

这就是***推理***，它是人类的最高级能力，而且与最简单的理智行为仅有程度上的差别。人们常问：“动物能***推理***吗？”答案似乎是，如果它们能联系，能综合，能留有余地，能分析，能够把来自单个情境中的相冲突的神经冲动综合起来，那么它们就能推理。但是，就我们通过观察所作的判断来看，大多数动物都做不到。对它们来说，除去可能存在的一些个别个体和种类的情形之外，***问题***通常并不存在，因为它们的神经系统并不像我们的那么平衡。因而对它们而言，解决它们面临的问题更是例外，尽管这些问题很简单。推理仅仅是个水平问题，但是，从总体上看，人类达到了推理的水平，而动物却没有。

第8章

自然的生辰赞礼

一个令人生厌的脏小孩，带着神经质的抽搐，像动物园里的动物一样不停地前后摇摆，对抗拒他的人又抓又咬，对那些帮助他的人也未流露出丝毫亲昵之情，对任何事物都无动于衷。

第一节　维克多：一个与野兽为伍的男孩

这是关于一个男孩的故事，这个孩子从婴儿时代起就生活在法国南部的丛林里，与树木、小鸟和野兽为伍。这个故事表明教育与人类其他成员的榜样对我们的成长有多么重要，而我们自己所能教会自己的又是多么贫乏、可怜。它也表明了感伤主义者的理想同现实的差距何其遥远！他们为先进的现代文明痛悼、伤怀不已，却心怀憧憬地回顾那古老的好时光。那时“野兽遍布森林，高贵的原始人奔突在旷野中”。

伊达得，一个大约生活在法国大革命时期的法国医生说：“一个11～12岁、几年前就在森林里被人瞧见过的孩子，在法国大革命第7年末的时候，遇到了3个猎人，就在他爬上树要逃跑的时候被他们捉到了。他一丝不挂，忙于找寻橡果和树根充饥。”从此这个男孩就以他被发现的地方命名，以“阿韦龙[①]野人”而闻名于世。

首次遭遇文明，这个男孩被捕获后被带到附近的一个小村庄，在那里由一个寡妇看管他。伊达得说，将近一周的时候，他逃入了大山里，我们想，这也令那位可敬的妇人大大松了口气吧。他待在那里度过了一个严冬，当然，在乡村的这些地方尽管已冷得令人很不舒服了，但还不至于冻死人。衣衫褴褛的他白天来到村庄附近，夜晚就回到他孤寂的住处，“就这样过着流浪的生活，直到有一天他自愿进入人类居住区”。

维克多，一个与野兽为伍的男孩。

这个孩子最终被带到巴黎用以观察研究。这就是伊达得所看到的“一个令人生厌的脏小孩，带着神经质的抽搐，像动物园里的一些动物一样不停地前后摇摆，对抗拒他的人又抓又咬，对那些帮助他的人也未流露丝毫亲昵之情，对任何事物都无动于衷”。

伊达得讲，在某些方面，他似乎比我们的一些家养动物还缺乏教养。他不能区分浮雕上和一幅画中的物体。他对“最大的声响和最动人的音乐都充耳不闻”。他不会说话，但不断发出单调的咕哝声。他闻不到香水的芳香，也嗅不出由于他的不洁生活习惯在其床铺四周散发出的恶臭味。他丝毫不去注意那些与他最基本的身体需要毫无联系的东西，他不会开门，甚至不能爬上椅子取到食物。任何信号对他都毫无意义。他会无缘无故地从抑郁的低谷转向尖利的狂笑。按照伊达得对智力阶段的划分，他的智力也就是“狼、獾的算术水平”，“总之，他的整个存在状态纯粹是只动物”。

这就是一个无知的、只有本能而没有教养的自然人的画面。它表明了这样一种状况，假如失去了通过与文明环境和文明同伴的接触而获得的教育，我们可能会还原为动物状态。要认出这是个高贵的野人，可真难啊。

我曾说过，他的状况是我们任何一个人都***可能***沦为的一种状态，因为人们普遍认为他最初的心理能力低下。即使让他享有最先进的教育和最好的抚养条

① 阿韦龙（Aveyron），法国的一个省。——译者注

他过了8年的野人生活。被人发现时，他的脸部及身上共有23处伤疤。虽然一般认为他智力低下，但尤其值得注意的是，事实上没人能够仅凭这张图片指出，他不是一个完全正常的男孩。确实，这一事实可令人想起历史上几个有名的人物。他们是谁呢？

件，他也只能是这样，可能永远不能发展成为一个高水平的人。

当他在乡野的时候，由于他是如此热爱户外生活并执著于自己森林人的身份，需要采取最严格的防范措施以防止他逃跑。他确实成功地避开监护他的政府卫兵溜走过两次。他把自己搞得如此像野兽，使他与任何人在一起行走都显得极度困难。他宁可小跑或疾奔！他的牙齿状况显示他是一个素食者，这一点多少会给那些宣称人类的自然生存状态即素食的人们一点安慰吧。但看来也有例外。“给他一只死麻雀，转眼间他就拔去了这只麻雀的羽毛，用指甲划成大大小小的块块，嗅一嗅，然后扔掉。”

“在有明月的夜晚，当月光透入他的房间，他几乎总是清醒地站在窗前，按照监护他的卫兵的报告，大多数这样的夜晚，他都伸直脖颈，眼睛凝视着洒满月光的乡村，一动不动地站在那儿，陷入一种出神的冥思状态。这种凝固静谧的场景只会被这男孩发出的急促的呼吸或几声哀鸣打断。”

这就是那个可怜的自然之子。

伊达得医生负责对这个男孩的研究，从一开始他就使自己受到了挑战。当其他研究这个男孩的学者们都倾向于把他简单地看作智力低下的个案，并认为或许这也恰恰是其父母遗弃他的原因时，伊达得医生持相反意见。医生竭力要证明这个男孩的滞后状态源于他的成长方式，而至少他已部分地成功展示了这一点。伊达得为自己设置的任务，对这个男孩来讲也是生活的挑战，也就是：“对一个从婴儿时期起就完全与世隔绝，并被剥夺了所有的教育机会的青少年，究竟他们的智力水平和思想本性是什么？”

这位可敬的人在某些方面已获成功。最初，这个孩子几乎不能运用“触觉”。从手指与手臂上开始传导的神经信息，即我们所谓的冷、暖、软、硬等感觉，对他来讲简直毫无意义。但是过一段时间后，他能用这种方式来辨别马铃薯是否煮熟。“他用*汤匙*将它们从锅中捞起，将手指放在上面试几次，从它们的软硬程度来判断是吃掉还是将它们放回沸水里继续煮。他的教育由此开始。”取东西似乎是个难题。有时他会使物体从他手中滑落而后专注地研究手指末端，他必须学习指端压力的意义，而在他过去的经验中，这种特殊的感觉往往意味着伤害。一段时间后，他开始以各种方式来改善伊达得所谓的感觉辨别力，这就意味着他能够正确理解新环境通过感受器传递给他的神经信息。在过去，很多此类信息对他毫无意义，也没有有意义的反应相伴而生。结果是这些信息不导致任何行动，也就是我们所讲的条件反射。

一天，一个喜欢恶作剧的人在他身边放了一枪，令每个人惊讶的是，这个男孩根本没有在意。因为即使他听到了枪声，这种声音对他来说也不再意味着什么了。但是有一次，当他正同朋友们散步的时候，他突然如箭出弦般疾奔远方，兴高采烈地带着一枚松果返回，原来他刚才听到了松果落地的声音！在他可怜的生存中，辨明落果的声音对他来说是至关重要的。随后经过训练，这种声音就启动了适宜的行动。

他不喜欢玩要，人们曾试图激发他对适合自己年龄阶段的消遣活动的兴趣，但都以失败告终，除非游戏能与进食相联系。需要是一个严厉的主人。一个从小在森林里赤手空拳与大自然的威力进行搏斗的男孩无力承受玩要的奢侈。一个下午的嬉戏意味着半天的饥饿。严格的自然进程使糖果之类的甜食也变得令人厌恶。实际上，对他进行训练的困难之一就在于，设计任何奖励手段几乎都是不可能的，他的生活曾如此艰难，乐趣又那么匮乏。但是渐渐地，他那并非天然生成的严峻开始软化了。后来，一种与爱相关联的真正的感情表现开始对那些爱他的人显示出来。

一天，当他逃到街上，“一见到看门人盖兰夫人，就号啕痛哭”。这种反应持续了几个小时之久。当伊达得医生进屋去看他时，他拥抱着医生，要他坐在自己身边的沙发上。有时他会跳起来，鼓掌，欢笑，“他在我对面，以他独特的方式抚摸我的膝盖，去感觉它们，或用力压迫它们几分钟，有时又将他的嘴唇贴在上面两三次。人们可能说这像什么，”慈祥的医生说，“但是我承认我已毫无拘束地融入到这种种孩子气的举止中。”

这个男孩如何被渐渐地训练着使用简单的言语，他如何对维克多这一名字产生应答并使用一些简单的词语，伊达得如何教他辨认“牛奶”这个单词，并使他在想要喝牛奶时，取出一些字母组成这个单词，这些在伊达得的报告中都有详述。但是对他施以进一步教育的努力却并非如此成功。距最初的报道五年之后，医生在给内政部长的报告中，坦白地承认了失望。这位学生现在能够分辨狭长形鼓与钟表的声音，并开始根据人们的声音知道他们想要做什么。现在他也能阅读一定数量的单词。

但是他永远不会成长为一个正常人，并始终处于一种明显的弱智状态。童年时独自在森林中度过的那些可怕岁月对他影响极深，而这种岁月或许是从他的低级心理资质开始的。正如伊达得所说，他的情感表现能够告诉我们，“这种据说是人*生而有之*的道德优势，只是文明的产物，这也正是使他区别于其他动物的强大力量”。

这或许对我们人类的骄傲是沉重的一击，但同时也是我们的骄傲之源，因为正是我们自己把自己教育成为人而非动物。

第二节　人类的本能

我们上一节所讲的男孩维克多，几乎不得不完全依赖于他出生时自然赐予他的种种生存手段。的确，他教会自己许多事情，例如了解松果落地的声音，看事物的外形来辨别它们的方位，吃食物之前嗅一嗅以断定它能不能吃。但是尽管这些事情很重要，却对他在文明社会中的日常生活并无多大帮助。他学到一些事情，但并不是很多。

在很大程度上，维克多是个凭本能生活的孩子。究竟什么是本能？人类的本能又是什么？这些是我们在以下各节将要探讨的问题。

现在我们看到一个孩子，因为是一个孩子，所以继承了特定的身体特征。例如，以特定的阻抗或特定的神经结构而形成的神经元间的突触或联接，结果是他无须学习就能做一些事情。当把一根手指放入新生儿口里时，他就会做出吮吸运动。这是因为神经冲动由口开始，通过适当的突触，以适当的通路传导，最终导致引起吮吸的肌肉运动。幼儿的身体就由这种结构监督着神经冲动沿着正确通路传导。

但这是一件新鲜的事情，于是，有时同样是先天具有的整个一组动作，代替了诸如吮吸等相对简单的动作。除了单个的反射之外，人们还可继承一组反射的联结。

这样一个反射联合就称本能。一个本能的产生并不依赖于继承一个简单的身体结构或组织，或是一个简单动作，而是靠继承身体的一些联合结构，这样才使一个更复杂的***不学而能***的反应得以发生。

反射依靠继承简单的组织结构间和突触间的阻力，而本能则依赖于继承一套更复杂的模式。

当然，这也很困难。我们确实不明白，突触的形状无论多么精致，它的开放如何能够说明由昆虫制造的种种奇迹呢？有一个人人皆知的例子，黄蜂将卵产在蛴螬中，而蛴螬又是蜂卵孵化成幼蜂以后必需的食物。但是幼蜂的孵化需要一定时间，黄蜂蜇住蛴螬的神经中枢使之瘫痪、麻木，但还不至于死亡，这样直到用时蛴螬肉都是新鲜的。无论安排得多么精妙，突触的开放何以能说明这一点，的确让人难以明白。实际过程当然要比我们这里简单的描述复杂得多，但我们所给的解释并不比其他的任何解释逊色，并且与已知的事实最为吻合，那也恰是我们所有人寻求任何解释的权利。

现在我们已明白，人类大部分的行为是在习惯的作用下进行的，这些都是我们习得的。我们学习书写、正确使用刀叉进食、开展每天的日常活动和社会事务，但是如果我们有本能的话，本能则是不学而能的。我们发现要说本能是什么则多少有些困难，但是我们可以确定的是，本能不是习得的，它的作用并不依赖于个体的经验，因为我们已将本能定义为一种多少有点儿复杂性的先天反应。

那么，什么是我们不需要学习就能做的事情？而这个问题就是：什么是人类的本能？

关于这个问题，在研究者中有些争议。有些人声称，人身上没有一种行为能被划分为本能；而另一些人则开出一张列有二三十种本能行为的清单。下面所列的著名心理学家沃伦[①]教授开出的一张清单颇为有趣，他声称表中的所有行为都是人类通过遗传继承而来的本能行为。沃伦教授允许我将他的《人类心理学》[②]一书中的这张表照搬下来。我对其中某些术语添加了一些注释。

1. 营养的

新陈代谢表现（沃伦教授意指快乐与忧伤）

行走

进食

漫游［狩猎］

攫取［囤积］

清洁

2. 生殖的

交配（性吸引、求偶）

母性的

子代的（婴儿的）

3. 防御性的

飞翔

隶属

① 沃伦（H. C. Warren，1862—1934），美国心理学家。——译者注

② 《人类心理学》由Houghton Mifflin & Co. 出版。——作者注

隐藏

躲避

谦逊[害羞]

衣着[遮蔽]

建构[持家]

4. 攻击性的

斗争

厌恶

支配

敌意

5. 社会组织

家庭[父母与子女]

宗族的[群居的]

对他人态度的反应

同情的

厌恶

合作的

在标题1下面的行为，首先是沃伦博士所讲的“新陈代谢表现”，它包括与进食和饮水相关的活动，沃伦博士以此指代欢欣、悲伤等一般的身体状况。我们的确不需要被教导如何表现快乐或哀伤，尽管我们必须被教导在适当的场合表现这些情绪。事实上，如果一个孩子天生不知如何感到喜悦，那么无论多少教育也同样无法教会他。进食也是如此，自然已安排好了一切，当食物经过口时，一个复杂的吞咽动作也就开始了，然后就是食物进入我们胃部的整个过程，所有这些我们都无须学习。同样也不必教导我们如何消化食物。若我们看到一个班级在教室内学习“消化”，定会大吃一惊，以为荒谬之极。一个没有消化功能的孩子是不可能存活到能够参加这样一个学习班的年龄的。然而又有一些与这一身体动作相关的许多事情是必须学习的。一部分消化程序在口腔中进行，大多数孩子都曾不得不被告知："咬住！"许多婴儿必须被强迫喂食，当然，一旦他们吃了，他们的消化功能就会自行照管剩下的事情了。对许多人来讲，许多食物只是"获得味道"，例如番茄和橄榄。肠排泄的过程也须由习惯加以小心调节以使消化系统能够正常运作，这也是食物消化过程的一部分，或至少是这一过程的终结部分。但是，一般来讲，食物的消化会留意自身的。从食物被摄入之时直至自我们身体排出之际，大约需24小时，这段时间无需我们的介入，也无需我们的意识，消化工作在悄然有效地进行着，许多有关的动作被沃伦教授划入反射活动而不是本能。

事实上，我们必须学习进餐的仪态举止。吃是一回事，"如绅士般"地吃则是另一回事。

让我瞧瞧威廉是否能够成为一位小绅士。

但没有人会问小威廉，他今天是否准备消化食物，因为：

接下来毫无疑问
他的机体会自行照料自己的消化。

第三节　是否存在一种漫游本能

行走的问题也如出一辙。我们的确不得不"学习走路"，但很有可能这种学习意味着神经系统间的恰当联系尚未形成。

有病案记载，一些孩子，在他们应当学走路的时候生了病，但随着病后体力的恢复，忽然有一天他们就能很容易地从床上站起来，能够走着穿过房间。

看来儿童的神经系统是以一种使行走成为可能的方式自行生长的，但是有的儿童在其一生的时间内都无法通过一张复杂的桌子。这就是本能即不学而能的事情和必须学习的事情之间的差别。

另一类近来备受瞩目的已被列出来的活动就是所谓的漫游或猎取本能，它曾被用来解释某类男孩或男人的行为，他们似乎从不满足于待在家里，而总是要在外闲逛。

如今，确定是否真的存在一种漫游本能显得至关重要，因为，假如它果真存在，那么我们就要完全改变对待这类人的方式。例如，我们假定这种情形存在，夜间从不待在家里的小男孩，总是在开往城外的车上被发现，并被警察给带回家来。一个错误的社会工作者可能会将这一现象归于漫游本能，并试图给以相应的对待。当然，如果在这男孩漫游的背后真的存在一种本能，最适合我们做的事情就是设法将其转向其他渠道释放出来。一种本能不可能毫无损伤地被压抑下去。

在这种情况下，我们最好说这男孩应当成为一个水手或旅行推销商，这样他的本能倾向就能得到恰当释放。事实上，我们发现这位特殊青年远非本能性漫游，而是受别的男孩子的影响形成了这种习惯，那个男孩以种种恶意的建议令这个男孩感到不安。任何想要使这小男孩成为水手的人可能都会对他造成伤害。要理解这个男孩的举动，只用漫游本能这个神秘的词来解释是远远不够的。

正如在这一个案中，一个更深层的研究表明：这种漫游是***习得***的，而且完全归因于某种与“本能”无关的事情，因此，在每一此类个案中总能发现一些特殊原因导致的逃离。这人不是不能适应社会就是有一个不开心的环境，或者天性邪恶，或者与一些恶人有联系，并找到一个逃离家庭的好机会。看来没有理由相信逃离倾向是一种本能或自然反应。

“囤积本能”也是一个很流行的术语。据说这种本能可用来解释文明人的大多数行为。那些聚积百万家财的人更是富有这种原始倾向。一个经常搜集鸟蛋、邮票和小石块的男学生，以后成为一位遍寻世界求购奇彭代尔[①]椅或澳大利亚飞镖的收藏家，据说就是遵循着这一本能。

但是我不相信真的有这种本能。

从各种各样的东西中去获取或收集弹簧的人看来是一种先天的倾向，它通常来自于一种个人的骄傲或使自己显得尽可能重要的愿望。我们可能会看到一个孩子穿上父亲的鞋以使自己显得更大些。同样，他也会说那些书和其他的东西是他自己的，这样他在别人面前或对自己来说就显得大一些。如果有人拿走了那个孩子认为是他自己的东西，他就会认为这是一种羞辱。要他说他心爱的书属于其他人，也就意味着剥夺他的乐趣，这种声明会使之产生屈辱感。同样，当这男孩长大时，这些收藏品也就成为其人格的一部分。一个很好的佐证就是那堵墙的故事，据说它在罗马的奠基人罗穆卢斯和瑞摩斯[②]之间引起了一场致命的争执。

罗穆卢斯曾建起一堵墙，瑞摩斯跨越这堵墙以示轻蔑，罗穆卢斯因此大为震怒，杀死了瑞摩斯。罗穆卢斯将这一跃视为对自己的直接羞辱，而这也正是瑞摩斯的意图。

物同此理，嘲笑一个男孩的大衣或手表或他的父母或任何属于他的东西，也就如同嘲笑这男孩自己，这些东西被男孩及他的朋友们视为他自身的一部分，因此，收集物也被看作是这男孩自身人格的一部分。因此，一位拥有最大或最好的收藏品的孩子也就赢得了荣耀。有时，这一事物本身看来就很有趣，例如那个小男孩对火车种类很热心，在这种情况下，不存在什么攫取本能，只不过对某些东西感兴趣而已。

综上所述，似乎并无什么获取本能。我们可用自豪或竞争等来解释这种攫取与收集倾向。一个看护孩子的人就能明白占有观念是由教育习得的，一位好母亲会留

① 奇彭代尔（Thomas Chippendale，1718？—1779），英国家具设计家。——译者注

② 罗穆卢斯（Romulus）和瑞摩斯（Remus），据传说是战神玛尔斯（Mars）和瑞亚·西尔维亚（Rhea Siliva）所生的双胞胎儿子。后来，罗穆卢斯成为古罗马的建国者，做了罗马第一代国王。瑞摩斯出生时就被遗弃，由狼哺育长大，被罗马人尊为守护神。——译者注

心将占有感伴随责任感一同灌输给孩子。一位成人的银行账户几乎都是一种终结手段。一位得到大额结余的人，如同得到一位漂亮的太太或宽敞的住房一样，增强了自尊并给邻居留下了深刻印象，这一切并非出于“内在的获取本能”。

第四节　为什么人要结婚

与此相关的事：曾有一位母亲对婴儿室里令人生疑的宁静感到惊恐。她大声喊来保育员并哭叫道：“玛丽，去看看孩子们在做什么，告诉他们不要那样。”

这看来是一种毫无经验、毫无必要并且令人不快的行事方式，但是所有的母亲都知道，这完全可能是她们可做的唯一正确的事。我们所有的人，在童年期只是一个小小的任性的襁褓中的小人儿，对他来说，任何社会中的生活都是不可能的，尽管我们已经理解了社会对我们的需求。当我们想要一件东西时，我们很难理解为什么我们不能拥有它，即使我们年长到能明白它属于别人时，也很难优雅地放弃。原因就在于我们已学习过做事情，但并未学习控制自己不做那些使别人厌恶的事情。我们学会伸手索取我们想要的糖果，但尚未学会因为那是别人的糖果而缩回手去。

心理学家把这种对行为的约束称为“***抑制***”，并认为在童年期我们尚未获得社会抑制。我们大部分的早期教育是由学习不去做某些事情构成的，因为世界上还有其他人，我们的行为可能会损害他们的利益。这位看来冷漠无情的母亲猜测那个出奇安静的孩子正在做伤害他人的事情，很有可能是完全正确的。一个儿童想要做的大部分事情，就是***伤害***他人或***损害***他人的利益！

现在我们要学习检验的是最重要的倾向之一，即所谓的“***性本能***”。本节以“***为什么人要结婚***”为题。但真正令人费解的是，人如何才能避免结婚，因为性本能是如此强烈而持久，因此解释一个人在成年后如何控制它就显得尤为困难。

当然，这种本能的存在是毫无疑问的，我们不学而能的事情之一就是异性的吸引。比指导消化食物更为荒谬的事情，恐怕就是教给高中男生如何转身注意一个漂亮女孩的想法。男孩与女孩、男人与女人之间的吸引力是先天的，我们结婚是因为我们生而有此需求！

的确，性冲动是最强大的社会驱动力之一，它可能是仅次于饥渴需求的一种最强有力的欲求。古人并非无缘无故地将最具灾难性的战争归因于海伦①“那张使一千艘舰船投入战争的面孔”。尽管今天流行的解释是把它归因于面包和猪肉，即历史学家们所谓的经济动机，但我还是更倾向于古人的解释。

不难看出自然为何安排这种非凡的力量，在世代繁衍的进程中，只要种族尚存，个体总是来了又去。倘若一个种族存在，那么必然有个体存在，这种为了种族繁衍的性吸引必须强烈到能克服个体的任何最强烈的需求，这就是为何如此多的男人、女人在异性的某一成员面前“欺骗自己”。正如父母只看到自己孩子的优点，他们同样也是在欺骗自己。假若一个人想知道人类在3000年时会变成什么样而去询问自然之母，她可能会认为一切进展顺利。

要使两性间的这种强烈冲动局限在安全范围内，显然需要最严厉、最有力的社会制约。事实上，我们对于任何与性有关的事物的制约都可能会使一个外星人感到震惊，并把它视为最强大的社会驱动力之一，同时，也把它当作对我们的好奇之一。

从更广的角度来看，奇怪的是，对在每一个街道拐角、每一个娱乐场所和每一幕家庭生活场景中显现的事物，我们是如此缄默，但这种缄默只是强大的禁忌阻力的一部分，这种禁忌阻力又是我们文明的基本需求。

这一屏障的另一部分就是婚姻，它通过保护母亲从而保护了孩子。最大的问题是使这种强有力的性冲动能自由发泄，同时在不增加母亲辛苦的情况下抚养孩子。在人类早期，没有人特别关注母亲忍受的痛苦，因此母系氏族社会状

① 据古希腊神话传说，海伦（Helen）是主神宙斯（Zeus）和斯巴达王后勒达（Leda）所生之女，后来成为斯巴达王梅内莱厄斯的妻子。由于她被特洛伊王子帕里斯（Paris）所诱走而引起特洛伊战争。——译者注

态得以存在。在那里，母亲是一家之主并要承担家庭的全部责任。但这显然很不公平，所以，当我们更文明化之后，男人开始越来越多地肩负起照料孩子的责任，直到今天我们的现代文明婚姻，其中丈夫与妻子平等地担负着照顾家庭的责任。

但这些意味着对性本能的强烈控制。麻烦是，并非一个男人或一个女人只对某一个体具有吸引力，而是几乎每一个男人或女人对异性中的每一位成员都能产生某种性刺激。因此我们必须动用习俗的抑制力量来压制这种冲动。若无任何控制，我们的生活就会充满唯有在未开化的民族才可见的性杂乱。

当然，可能会有许多人宣称他们对性很是淡漠。尤其是那些拥有幸福婚姻或爱情的人倾向于这样认为，除了他们所爱的特定对象之外，所有的异性对他们来讲都如同自己的同性成员。但如果他们能如实地审视自己的内心并留意那些特别有魅力的异性给自己留下的印象，就会发现情况有所不同。而且如果与任何异性成员交谈时，他们留心检查一下自己的态度，就会发现他们自己态度的细微变化，这种变化一旦被注意到就再清楚不过了。

那么我们要恭贺那些声称自己对异性不感兴趣的人了，因为他们的爱已定位于某一个人身上了，他们这种专注的爱情实际上已卓有成效地抑制了他们对其他异性成员的原始反应。他们已成功地建立起一套强大的阻抑体系，并在他们的幸福生活中发挥着重大作用。但是那些并无幸福婚姻或爱情的人也作出同样的声明，则常常是在自欺欺人，这些人不是假正经就是清教徒，因为他们对自己的约束已达到了难以控制的程度。这些人是从不结婚或憎恨男人或女人的人，他们是厌恶婚姻者和“打倒人类”的呐喊者。

这些状况是真正的变态，它普遍存在于那些不能找到正确方式表现性本能的人当中。确实，只有健全的人格才能避免禁欲这种怪僻的形成。

老处女常常接近一种病态，但并非所有年长的处女都是老处女。

第五节　堕入情网

在上一节中我们涉及当代家庭体系。最近很多书籍、文章都在纷纷说明现今这种两人共居、生儿育女、共同照料家庭的习俗是不自然的，有悖于男女的形成规律。我们都已明白每一个男人对每一个女人都有吸引力，因为他是男人，而女人对于男人亦是如此。所以有人争辩说，将一个男人束缚于一个女人身上是违背自然规律的，文明人加于自身的约束是有害的。

对于这个有争议的问题，存在许多不同的观点。但总的来讲，他们提出的异议与其他任何可能虚假的事物一样虚妄。首先，没有任何证据表明正常的约束或克制能对神经系统造成哪怕是最轻微的危害。反之，著名英国科学家谢灵顿教授告诉我们，在他所研究的一个相对简单的实验过程中，抑制有“显著的益处”，事实上，它看来能使神经系统为下一步活动做好最充分的准备。

此外，按照心理学的最近研究，一夫一妻制是对这一问题最科学的解决办法，它绝对符合男人和女人的真正天性。

为了解释这一结果从何而来，我们有必要回到俄国科学家巴甫洛夫的实验中。人们应该还记得，巴甫洛夫在给狗喂食时呈现灯光，经过几次重复后，他发现没有食物仅显示灯光时，狗的嘴里也会分泌唾液，这一反应被称为条件反射。一个人堕入情网时的情形与此相似。唤起他的幸福或悲哀的情绪和情感的原初刺激就是看到一位特别的女士，但一段时间后，任何使他联想起她的某种东西几乎具有同样的效果。他会珍藏起她触摸过的手帕、鲜花与信件，甚至她的电话号码都折射出一圈神秘的光环[①]！所有这些事物如同灯光之于巴甫洛夫的狗一样，都是引起原始反应的刺激物。如果有读者正在经历不幸恋爱，也可以此自慰：他的不幸很大程度上是由于缺乏一套比条件反射系统更为浪漫的系统而造成的。

一个在很年轻时就堕入情网并最终与初恋情人结婚的人，实际上已在一个

① 此处作者是在喻指心理学中的“晕轮效应”，即常言所说的爱屋及乌。——译者注

女人与他的特定反应之间建立起一种几乎是坚不可摧的联系。

结果，正如我们所了解的，尽管其他女人绝不会令他无动于衷，但这种影响转瞬即逝，对异性刺激的全部反应已被他对妻子的爱恋抑制了。巴甫洛夫实验室里发生的事情也是如此。起初狗看到任何光线都会有唾液分泌，经过一段时间，只有当特定强度的光线呈现时才会产生这一反应，因而科学家宣称刺激的集中是由于对其他反应的抑制。

这就是说，一位“不采野花”的已婚男人正在通过把能引起某种情绪和情感的刺激集中到一个人身上，来建立一种普通而正常的婚姻生活。一个男人如果不能将这些情感集中到一位即将成为他妻子的人身上，那么实际上可以肯定，所有的女人在他婚后都会继续强烈地影响他，他正在播下不幸生活的种子。

因此，严肃的科学实验所得出的“把浪子塑造成模范丈夫”的古老理论是在直接撒谎，这句话可以说是一个弥天大谎。不言而喻，婚前的乱交生活当然使婚姻生活成为难以忍受的负担，使夫妻间的忠诚也不可能成为有效的制约力量，如此一来，任何一个女人的呼唤声对他来讲都与妻子无异，或者来自任何一个男人的诱惑与来自丈夫的吸引力也没什么两样。

在莫斯科实验室的一个意外的角落，科学正笑望着过时的婚姻！

第六节　争斗不可避免吗

在探讨过性冲动之后，让我们再回到沃伦教授的人类本能表。

这张表的标题3列出的是所谓的“防御本能”。现在读者会记起我们已否认了营养标题下的几种本能，因为我们总结认为这些活动是习得的反应而非先天的本能。换言之，我们认为这些行为根本就不是本能。关于所谓的防御本能我们要说的也是这些。的确***我并不认为在标题3下所列出的任何活动是真正的本能***。对待像沃伦教授这样的科学家的立场时，一定要谨慎，不然我们就会发现我们的讨论将陷入最糟糕的结局。所以让我们来看看为何不能苟同这么一个难以轻视的对手。

拿表中的任何一项举例，如着衣本能。毋庸置疑，所有的动物都有一个能够帮助其御寒的不学而能的手段。鸟儿被羽毛覆盖，兽类有皮毛遮蔽，而动物的羽毛与皮毛的生长过程完全是不学而能的，但我们却很难在人类身上发现这种同样的保护性外衣。当然，像指甲之类的保护性措施，我们是无须学习课程就能生长的，但是这并非沃伦教授所讲的着衣本能。

我希望大家能明白，无须学习，孩子们就有一种着衣或遮蔽身体的倾向，这一点我们难以苟同。一个孩子肯定是通过教育才知道遮蔽自己的身体的，如果没有教育，他就不知道如何保暖，或在下雨时躲进屋中。如我们已发现的那些处于自然状态的孩子，例如阿韦龙野人，他们总是试图逃离其他人类的社会以勉强维持自己原有的生活方式，他们实际上根本不穿衣服。如果他们真有什么着衣本能的话，一定已把自己遮蔽起来了。亚当和夏娃也只是在他们获取知识后才知遮羞。从文明生活的要求来看，每一个孩子都是一个小小的原始人，他们似乎对于由成年人为其遮蔽的部位毫无羞耻感。

实际上，如何才能无须过分强调其重要性便使孩子能够最好地学习“文雅”，这应当是由母亲解决的问题之一。根据科学考察者的报道，在非洲中部有些部落就无任何着衣的体面概念。他们在纯粹自然的状态下赤裸裸地穿过街道，同样，如果真有任何着衣或遮蔽本能的话，这些部落成员一定已遮蔽自己的身体了。

而且，在一些特定的气候条件下，着衣长期以来已成为一种实际需求，每一代人都教给下一代保护身体以抵御特定气候的最佳方式。

在这一标题下的其他活动也不能被视作本能。我相信飞翔、隐藏和躲避都是习得的，甚至在一些高等动物中这些活动是否真正的本能也令人怀疑，有可能并不是由亲代遗传给子代的。可以肯定，一个人的粗野或文雅依赖于学习，而且伴随着无尽的痛苦，孩子也必须去学习如何避免有害的事物。

我无意对沃伦教授表中所列的每项活动逐一批驳，因为对其中一项的批评可适用于其他的大部分活动。我认为他所列的一些倾向是完全有理由怀疑的。例如，我相信在人类身上存在着一种被称为顺从本能的东西至少是可能的，也就是说，我认为当认识到优势力量时，无论儿童还是成人都会采取一定的态度。毫无疑问，动物也是如此。任何一个看过狗打架的人都会证明，判断一只狗何时“挨够了”是件很容易的事。旁观的人明白狗的意思。其他的狗也同样明白。

争斗本能也是如此。毋庸置疑，当一个人被攻击时，他会立刻本能地采取一种态度并保护自己的要害部位，当然这种本能可能在游戏中习得。事实上，没有人能够真正让一个男孩或女孩远离所有可能学习防御或攻击态度的途径。除非你将一个孩子一直放在床上，直到他10岁，但同时要使其肢体发育良好，并成长为一个正常的少年。显然这一过程是不可能的而且肯定会失败，这样的话，我们永远无法绝对断定防御态度是习得的还是生而有之的。

但有一件事我们可以肯定，从用武力攻击其他人类这一心理倾向的意义上来说，人并无好斗本能。具有这种心理倾向的人是令人生厌的，而且其中大多数人都属于罪犯。很可能他们已获得打斗和使用暴力的倾向。***没有理由相信，在人类的躯体中生来就有一种通过暴力进行争斗的心理倾向***。因此，德国人声称，由于人类的天性，战争不可避免，这是彻头彻尾的谎言。教育一个孩子去争斗，他就会争斗。教导一个国家去争斗，它也会争斗。如果宣传侵略精神，那么这个国家就会富于侵略性，纳粹德国就是一个范例。“狗为吠叫和争斗而欢欣。”即使这话也并非完全正确。最近一项调查显示，某些动物只有当自己的领地被侵犯时才会进行争斗。因此，可能有人会讲，像比利时人那样去争斗是一种本能，但像德国人那样的争斗则是邪恶的习得。

第七节　知道什么是本能至关重要

从前面的几节中读者可能已经得出结论，我们否定了许多本能，却并未补充多少。这完全正确。今天，一些曾研究过人类本能的人妄称根本没有人类本能这回事，另一些人声称人类有两种本能，还有些人承认有更多，更有人列出了一张如沃伦教授的长单子。总而言之，本能理论正处于一个科学的破坏过程，而非建设过程。即使那些赞同保留一些本能的人，也在保留哪些本能的问题上不能统一起来，并由此造成更大的混乱。

如今关于究竟有多少种本能以及有哪些本能的问题在实际生活中已至关重要。我们整个的教育系统都依赖于对这个问题的回答。对于那些习得的东西，我们只能加以适当的指导和提供适当的环境来避免习得。另一方面，先天性的东西只能加以调整或至多通过取消适宜刺激以阻止其发挥作用。因此要阻碍或克制性本能的发泄，只能像鲁滨逊·克鲁索[①]那样生活在一个荒岛上。但它永远不可能被彻底根除。一个漂亮的女人能比“星期五”[②]更令鲁滨逊激动。在性本能中，行为机制已被构建为神经结构的基础，要完全清除这种行为看来是不可能的。

埃塞俄比亚人能改变他的肤色或豹子能改变它身上的斑点吗?

另一方面，在诸如战斗或使用暴力的攻击性活动中，情形就不同了，因为我们有理由相信这些活动是习得的。这里取决于教育者教导与否。但是在科学家非常明确地肯定在一位年轻人身上哪些是本能哪些不是本能之前，教育者无论如何也不能确定他是否针对特殊的情况采取了正确的态度。

有两种确定的本能，即性本能和某种自我保存的冲动，以一位伟大哲人的话来说，就是“继续自己生存状态”的愿望。有时它们也被称作种族本能和自我本能。但我们不知道离开了教育只通过本能我们能取得什么成就，我们也不知道这两种力量如何能够驱动如此众多且千差万别的行为。

或许20年后我们才能知道答案!

---

① 鲁滨逊·克鲁索（Robinson Crusoe），18世纪英国小说家笛福所著的小说《鲁滨逊漂流记》（1719年出版）中的主人公。——译者注

② “星期五”原为土人，后于某个星期五被鲁滨逊救获而成为后者的仆人。鲁滨逊称自己这位忠实的仆人为“星期五”。——译者注

第八节　为什么儿童怕黑

有一件事，许多人都肯定不是习得的，那就是对某些事物的恐惧，尤其是对蛇与黑暗的恐惧。高尔顿，一位杰出的科学家，对蛇奇特的运动有种特殊的厌恶与恐惧，他也从未能克服过这种情绪反应。一位伟大的科学家描述他在动物园中看到蛇蹿起来时，总是不由自主地向后退缩，尽管他完全明白他们之间隔着的玻璃足以保障他的安全。下至文盲上至受过高等教育者，许多人都坦承有同样的恐惧。对我而言，当接近一条蛇时，也会有轻微的不安，但仅此而已。但我记得小时候却完全没有这种厌恶感，事实上，那时看来蛇还有其独特的魅力。我只能相信自己是断断续续地以这样或那样的方式学会了对蛇的恐惧。许多孩子都听过一些可怕的故事，其中蛇担任了令人不快的角色。但我的情况并非如此，我不认为这是造成我对蛇厌恶的原因。我似乎是将这种动物蜿蜒的移动，同身体的错位和扭曲以及模糊地同它的内脏联系了起来。假如怕蛇的读者检索一下自己的大脑，可能会发现同样的联想。

有趣的是，古希腊与古罗马时期人们似乎并不像现代人这样对蛇如此恐惧。当然，这些民族对于可能强烈刺激我们的那些肉体遭受折磨与苦难的场景也许会无动于衷，因此在我心中产生的对身体的扭曲和痛苦的联想很可能也适用于其他人。

据说另一种本能的或不学而能的恐惧就是害怕黑暗。如今可以肯定的是，许许多多的孩子是由于教育而导致惧怕黑暗的。我清楚地记得童年时这种可憎教育发生的确切时间与地点。某个小保姆（正如小保姆们通常表现的那样）愚昧无知，她来后不久就告诉我她侄子的一段经历。看来那是个非凡的年轻人，在年仅七岁时，就能吹着口哨给自己壮胆，在“可怕的”夜晚穿过墓地。那时我突然想到那里没有什么好怕的，人们为什么要害怕墓地呢？那时我们的小家庭对黑暗还没觉得有什么可怕的。但后来我们那位超凡的故事家又讲了一些在老房子里出现的神秘而又怪异的鬼怪故事后，我们日后许多夜晚的宁静就被打破了。

那时我住在家里顶层那间墙壁倾斜的房间里。直到今天，独自一人走进黑暗的小阁楼里还令我惴惴不安，尽管其他房间并不会产生同样效果。正是由于教育而使我害怕黑暗的小阁楼。

看来很多害怕黑暗的事例都是由于无知的母亲或保姆的教育造成的。柏拉图，这位人类历史上最伟大的教育家之一，曾告诫我们："如果我们希望年轻人尊重神和他们的父母并珍视他人友谊的话，从我们学生的青年时代起，有些故事可以告诉他们，而有些却不能讲给他们听。"

当然，这并不能否认，离开了年长者的直接教育也常常会产生对黑暗的恐惧。一个光明的地方不太可能容纳可怕的事物，而黑暗的地方则可能包容着某些令人不快的事。黑暗中，一个人可能会碰到某个人的脑袋或小腿，而且如果真有什么危险的话，就会令人产生无助感。所有这些感受可能统统进入了一个孩子的意识，后来他告诉我说："一只大狮子就住在那些（黑暗的）楼梯里。"这里的关键正是狮子激发了孩子的恐惧感；若我不趁机在孩子头脑中将狮子与黑暗分离开来，他肯定从此不仅害怕狮子，而且也害怕那容纳狮子的黑暗。在这种情况下，那个孩子就会教育自己害怕黑暗。

第9章

日常保护与应急

大约有三十个青年组成一列游行队伍，他们面戴亚麻布面具，每个人都拥有两条鞭子，一条是细铁丝，另一条上竟布满荆棘。领头人一声令下，他们就开始用这些鞭子抽打自己裸露的肩膀，直至鲜血直流。

第一节 好与恶：它们在日常事务中的重要性

一只狗正跑下山来，看上去它和其他狗无异，似乎永远是漫无目标的。忽然，它停了下来，转向一边，并对着一块证明是可食的东西弯下头去。它嗅嗅食物，尾巴摇来摆去，了解狗的人会告诉你，从狗的姿势可以判断，狗是愉快的。

一位音乐家正在钢琴上演奏奏鸣曲。他一页一页地翻着乐谱，演奏得优雅自如，证明他训练有素。忽然他停了下来。原来是一段乐曲从这支演奏过数遍的奏鸣曲中给漏掉了。演奏家的脸皱了起来，变得通红，他合上乐谱，从钢琴边走开了。他是恼怒的，而且感到不愉快。

饥饿的宝宝躺在小床里，这时护士拿着奶瓶走了进来。“看他是多么高兴啊！”母亲说，而她很可能是对的。无疑这个孩子看到他的食物时是高兴的，感觉愉快。

在上述这些事例中，体验到的是愉快或不愉快。我们能够通过观察人或动物的行为来判断他是高兴还是不高兴。我们都能够通过电影演员的“行为方式”来断定他何时高兴何时不高兴。我们也都能够从我们的家人或亲戚朋友的言谈举止中断定他们是高兴还是不高兴。愉快是清楚明白的，而愉快的反应也是清清楚楚的，除非它出现在一个面无表情的人的脸上，这样的人善于掩饰自己的情绪。

这种愉快与我们前面讨论过的事物有很大的不同。我们已了解了运行着的机体，懂得它的行为是外界刺激导致某种反应的结果，这些刺激部分来自学习，部分来自遗传。这是外在表现或所谓电影画面一般的景观。从内部看，我们看到的是另一番景象，那是完全个人的。根据这一内在景象，一个人会说自己有了某种感觉，即他***意识到***自己周围的环境，并往往意识到自己用以应付环境的手段。如果我们希望联系其环境从整体上了解一个人，那么这两方面都是必需的。但是，在这里我们探讨的是愉快和不愉快。愉快不是一种行为，不是一种感受，也不是一种意象。就其本质而言，它似乎不是对环境的适应，然而又与适应相联系。当狗闻到骨头的香味时，他的愉快既非行为也非感觉，但在某种程度上又与它们相联系。

愉快“就像青春的花朵”布满在行动之上，当密切关注它时，它又很容易消失。每个人都知道它是什么，但是，即使不是不可能，也是很难对它加以描述的，它就像意识这类简单的事实一样难以描绘。它就是愉快。

但是，尽管在某种程度上，当我们试图描述自己的体验时，它是如此神秘，然而它的效果却不难理解。它可以被描述为第一道防线和机体针对环境的反击。一只狗闻到了可以成为一顿美餐的骨头便会感觉愉快，反过来，如果在骨头上撒上胡椒、芥末或沥青，它会感觉不愉快。显然，对它有利的事物基本上是令它愉快的，而对它不利的事物则令它不愉快。有害的事物令人不快这一事实使它避免了无休无止的伤害，在它的生活中，有益的事物是令人愉快的这一事实又让它受益匪浅。一只狗对硫酸感到极为愉快，如果有机会满足它的需要，它将一命呜呼。一只对于饮水极不愉快的狗很快会奄奄一息；一个对由胃的收缩引起的饥饿感到极为愉快的人，将会在愉悦中饿死。

这样，愉快和不愉快就像钟摆，或蒸汽机车的校准器，加强正确的行为，削弱对机体有害的行为。

我们的愉快感受可通过不同的方式获得。有些东西很自然地让人感到愉快，如适度地活动身体。而有些东西却天生地让人不愉快，如极度的痛苦。但正如我们所说，另一类东西却能通过联想变得令人愉快。这种联想的产生就和巴甫洛夫的狗在灯光和食物之间产生联系的方式一样。

对我个人而言，蜂蜜很令人不快。原因是我还在上学的时候，一次一个不守规矩的学生带我去他家，在那里我们大吃特吃了一顿糖果。第二天我们两个都感到很不舒服，那种恶心、呕吐等令人难过的感受转变成了对蜂蜜的厌恶。现在我只要尝到甚至是闻到或看到蜂蜜就恶心。一位心理学家也有同样的经历，他说他简直不能心情愉快地阅读《三个火枪手》，因为他曾经在渡过英吉利海峡时读这本书！

几乎每个人都有这些好与恶，它们通常能由上述此类联想回想起来。如果把它们列一张表，并试着数一数一个人过去的经验中有多少种好恶，那是很有趣的。人有时也会成为不愉快情绪的条件刺激，所以，尽管刽子手也可能值得尊重并且是一个快乐的人，但由他引起的不愉快联想太强烈了，眼前的刽子手总是让人不舒服。孩子一看到医生就会大哭，尤其是看到那些对孩子们“很不友好的”医生时。另一方面，我们大多数人都会对那个给我们签工资支票的人，对那个带来好消息的人，或者为我们证婚的牧师充满特殊的好感和热情。

所有这些，其实践意义极其重大，尤其在广告和营销领域。我有个习惯，即每年都要会会不同出版商的一些代理人。这些代理人中有些给我留下“愉快的”印象，有些则不然，另一些则令人有些不愉快。有一个人特别令我感到愉快，以至于我情不自禁地去浏览那家公司的书目，真希望从那里订购一些书。

说来也巧，我今年最大的订单就是同他的公司签订的。

可以十分肯定地说，并不是因为这个人令人十分愉快，他便能向我多卖几本书。但是，在犹豫不决的情况下，对某一代理人的愉快或不愉快的情绪将直接影响我们是否与他进行交易。这一点似乎是毫无疑问的。在其他条件相等的情况下，我们无疑往往从令我们最最愉快的商人那里购买商品。购买技术类书籍（本应对其价值详加了解和仔细考察）尚且如此，更何况购买那些我们不甚了解或有点儿漠不关心的商品呢！如果已知三四家旅馆的条件儿差不离儿，我更愿去出纳员面带愉快微笑的那一家，而不去招待员令我反感的那一家。在我习惯住宿的波士顿的几家旅馆中，尽管其价格基本一样，但最终我还是决定住其中的一家。相对于我的寻常事务而言，这确实有点儿怪，但是我对那家的店员和开电梯的员工有着不寻常的愉快记忆。我们大多数人最终会选择一位自己喜欢的医生或牙医；谁要是为一点儿小毛病就去找自己不喜欢的医生（虽说医生正是以此为生的），那他就是一个特别理智的人。

对于商人的商品，不管这些商品是书籍、衣服还是医药护理，我们买到的还有商人的微笑，而且，我们更愿意为了善意、真诚的微笑而不是商品的质量来购买东西。

另一种特别易于引起不愉快情绪的是受挫行为。如果读者从过去的24小时中挑选出那些令他不快的事物，会发现大部分事情都不太顺利。没有什么会比一家人户外远足前，或你或我找不到手套或找不到帽子更令人烦恼的了。发现路上有障碍或路途不通而不得不原路返回，总是件令人不愉快的事，尽管走这段路纯粹是为了呼吸新鲜空气。障碍总是一样的恼人。当一个人的日常生活被打乱时尤其令人烦恼。我习惯在某一特定时间写信，这时一位朋友来访使我无法进行，我会感到很不愉快，如果朋友不是在我写信的时间而是在其他时间来访，则不会这样。客人玩得太晚而打乱了一个家庭的正常作息，通常也不受欢迎。日常生活中的任何改变都会遭人埋怨，那些管理教堂、学校或商店等传统事务的人对此更有体会。

日常作息紊乱引起不愉快是理所当然的，因为我们大部分的行为已成习惯，是对以前的行为的简单重复。幸好，我们日常生活中的新条件相当稀少。人们一旦解决了某个问题就无须弃之而另寻他法。人们的天性就是关心效率，而效率乃是寻找解决问题的最佳方式，并***按那种方式行事***。我总按自己的老一套来办事，因为这样做简便易行。正如一位幽默大师所言，我“实际上不是汽车而是有轨电车”，因此，当我“越轨”时，便会感到不适，就像火车出轨一样。除却众多的效用之外，不愉快还能防止我们越轨。对许多人来说，为什么一而再、再而三的推理如此令人不悦，就是因为推理的本质是对新情境的新的反应。原有习惯不得不打破，并以令人不安的方式重新组合。许多畅销刊物都充分认识到这一事实，编辑们把重复阐明相同观点的过程，化为一种艺术，因为他们懂得，循着读者的习惯而来，可收到令人愉快的效果，而打破对习惯的依赖则相当令人不快。

关于愉快和不愉快（特殊情况下有时说非愉快）这一对奇怪的概念，还有一事未及说明。它们并不来自特别的感觉器官，而这些器官的许多活动构成意识。视觉和视像产生于眼睛，当我们移动身体时产生的运动知觉也来自它们各自的感官，但愉快和不愉快根本不是产生于这类感官，或曰感受器。它们是感觉的附加物，宛如青春的“花朵”。因而，说愉快感觉实际上并不准确。心理学家常用“感受”（affection）这一术语，来指一个人受愉快或不愉快感受影响的方式。愉快、感觉，凡此等等均可被正确地称为“情感”（feeling）。

第二节　痛苦如何转化为愉快

让我们以两个众所周知的事实陈述来开始这看似矛盾的一节。

（1）我们在第四章已说明，像视觉一样，痛苦也是一种明确的感觉，来自特定的感受器或感官。

（2）愉快并非感觉，但依附于感觉。

如果读者同意这些看法，他一定会得出下述结论：

（1）痛苦并不是愉快的对立面。

（2）像其他的感觉一样，痛苦可以转化为愉快。

让我们谈谈第一点。如果痛苦是一种感觉，那么就其本质而言，它不是而且也不可能是其他事物的对立面，正如视觉不是任何事物的对立面一样。

视觉的对立面是什么？这个问题令人头痛。痛苦的对立面是什么？这个问题同样麻烦，尽管实际上每个人都会立即回答为"快乐"。虽说无知不为过，但问题是许多学术著作也提出"快乐—痛苦"原则，好像两者是对立的事物，并且可划归一类。愉快的对立面当然是不愉快，或"非愉快"，而这和痛苦完全不是一码事。

当然，这并不能否定大多数痛苦都是不愉快的，这就接触到了我们的第二个观点。大自然已安排得井井有条，使伤害性刺激产生痛苦感。我们已看到，不愉快的作用是保护身体。因此，为了这种一致性，大多数痛苦也*必须*是不愉快的。但也有例外，比如人们所说的愉快的"感受"，实际上有时是和痛苦感紧密相连的，正如它也与任何其他感觉相联系一样。实际上，还存在变态的案例，在这种情况下，这些自然而正常的身体保护功能已被扭曲，所有的痛苦变成了快乐。因而，中世纪的大多数苦行僧们可以"为了上帝的荣耀"而鞭笞自己，他们可能在这种自我折磨中体验到了某种刻骨铭心的快乐。巴甫洛夫还有一个著名的实验，即给狗喂食时同时给予电击。最初，狗一被电击就狂吠。但过了一段时间之后，电击过程开始受到欢迎，因为它已与某种愉快的东西即食物联系了起来。世界上最伟大的生理学家之一谢灵顿教授，把这个实验和殉教者的痴迷进行了比较，因为殉教者们往往带着微笑走向酷刑和死亡。当然，我们还可以举出更多"快乐的痛苦"的事例。

那么，为什么通过适当的操作却不能使*所有*痛苦都转化为快乐？这的确没有特别的理由。

如果愉快和不愉快能本分地各司其职的话，那么人们只要稍加考虑就会明白，这种可能性在现实中是如何*必然*存在的。那些在种族进化的漫长历史进程中被证明是有害的刺激一旦出现，痛苦就产生了。在绝大多数情况下，身体受到外物的戳刺向来是有害于机体的。因而，当在学校中的男孩子从背后把针尖扎进我们的身体时，我们无须学习便会感到痛苦。但是，在个人的一生中，可能会有那么几次，为了个人的利益，能够忍受刀剑之类的伤害。

在早期崇拜太阳神的部落民族中，这类事情似乎并不鲜见，他们用刀砍伤自己，把受伤甚至被杀当作快乐。我曾亲眼看到一个德国学生，当他被带走时，脸颊上有一条又长又深的伤口，看上去令人心惊肉跳，而他的脸上却带着发自内心的快乐的微笑，而且这一切绝不是装出来的。因为后来他告诉我，这是“他一生中最快乐的时刻”之一。对这些人来说，接受伤害正是一大特殊的好处，而我们以生活的全部规律来看，这些伤害显然是有害的。但因为对他们有用，痛苦也就成了快乐。

在苦修者或鞭笞者中有一个著名的案例。他们是13世纪在意大利和德国发展起来的一个教派，当时由一群衣衫褴褛、污秽不堪的男女乞丐组成，他们从一个城镇流浪到另一个城镇，在公开的场合鞭打自己。他们疯狂地鞭笞自己，此情此景令旁观者如此激动，以至这个教派很快发展到数千人。在热那亚还有真正的鞭笞者协会，他们一边鞭打着自己一边在街上游行，“主教和高职位者位于队伍的前列”。“这种习俗的残余甚至在今天还存在。一位报刊记者描述了在安息日这一天他在托斯卡纳①的格罗塞多（Grosseto）的所见所闻：当时大约有三十个青年组成一列游行队伍，他们面戴亚麻布面具，每个人都拥有两条鞭子，一条是细铁丝，另一条上竟布满荆棘。领头人一声令下，他们就开始用这些鞭子抽打自己裸露的肩膀，直至鲜血直流，这个活动持续了*几个小时*，而后在教堂中达到高潮。”利亚博士在他的《忏悔与赦免的历史》一书中作了如是描写。然而天主教堂一直反对这种表演。

有时还有更为变态的情况。一个不健康的追求鞭笞者把鞭打与各种变态倾向联系了起来，其中一个这样说：“我想要鞭打，我渴望鞭打！”以及“我完全是在享受！”

---

① 托斯卡纳（Tuscany），意大利中西部的一个地区，过去为一大公国，面积为8879平方英里。

然而，我没有必要非得以这些变态的案例作为例证，来证明痛苦可以带来一种愉快的震颤。我们每个人当身体遇到轻微的刺激时，也都会在较低的程度上有一种同感。当牙床肿胀及牙齿不适时，如果用手按压牙齿，那随之而来的轻微痛苦的体验是积极的、快乐的源泉，尤其当皮肤不适时更是如此。笔者曾记得，自己还是小孩子时曾患过一种非常恼人的皮肤病，当用指甲狠掐患处直到血都流出来时，那可真是一种相当愉快的感受。抓挠皮肤产生快感可能要追溯到从前，那时人们不得不与成群的昆虫作斗争，而为了自身的利益人们甚至要伤害自己的皮肤，只有这样才能使自己摆脱那些叮人的害虫。

以痛苦为乐的例子还有，在空气清新时漫步，冷空气拂过面孔的感受，勇敢的冬泳者对寒冷彻骨的冰水的感觉，以及夏天冰淇淋给人的凉爽感。正如我们已了解的，所有这些均启动了痛点，而痛苦即是愉快，为了机体的特殊利益人们必须承受它。

或许，随着我们的文明变得越来越“外科化”，可能会出现这样的结果，通过自然选择或其他方式，一个种族的人会把没有麻醉的大手术当作一次有趣的午后消遣！

总之，关于这一奇怪的事实还有一事需要说明，即痛苦可能偶尔会使你获得令人愉快的感受。如果像痛觉之类令人苦恼的事也能令人愉悦的话，那么可以肯定在生活中几乎没有什么不适意了。我们往往相信，对我们而言，有些东西永远不会令人愉快。这种事情既有个别差异，也有年龄差异，但就我们已了解的来看，简直没有理由相信，为什么那些在我们正常的生活中根本无害的事情却令人不快。这在儿童及其日常生活中尤为普遍。对一个孩子来说，上床睡觉简直就像每天必受的酷刑一样难过，同时令全家人头痛，手足无措。而对另一个孩子来说，每天上床睡觉是理所当然的，就像早晨起床一样愉快。两者的差异在于，前者已通过不良的控制，***使得***上床睡觉成了不愉快，而后者已小心地营造了一种愉快的氛围。儿童时代的日常生活中发生的其他事情也是一样。通过正确的控制，几乎任何事情都能变得令人愉快。我曾听说一个儿科牙医，他是那么受欢迎，以至于好多孩子哭嚷着要再去！

大自然已赠予我们一件糖衣，为什么不把它裹在药丸上呢?

第三节　情绪是什么

1884年一本杂志上发表了一篇题名为“何谓情绪”的文章，它不仅令整个心理学界大为震惊，而且似乎把世界都颠倒了过来。此文的作者是哈佛大学著名教授威廉·詹姆斯。文章一经发表，立即受到来自四面八方的强烈攻击，它被说成是荒唐的、矛盾重重的，而且其论点也是站不住脚的。然而令人奇怪的是，就在第二年出现了另一篇文章，这次是在丹麦的哥本哈根发表的，文中包含的观点与詹姆斯教授的观点基本一致，只是在表达方式上更为科学而已。

让我们看一看这两颗炸弹所包含的内容是什么。

詹姆斯教授一直从事躯体反应或情绪的伴随现象的研究。当一个人发怒时，我们每个人从其外部的表现就可获知。如这人满脸通红，牙齿咬得咯咯作响，拳头紧握，时刻准备进行攻击，等等。

同样，当一个人悲痛时我们也可以从其外部表现加以判断。“他步履缓慢，踉踉跄跄，双臂低垂。他的声音虚弱，无精打采……他宁愿静静地坐在那儿，陷入沉思……他耷拉着头（因悲痛而垂头丧气），面颊和下颌肌肉的松弛使得脸部看起来又长又窄，下巴颌一直那样吊着。”这些关于悲痛的外在信号，和朗格提供的一样，是詹姆斯教授参照这位丹麦科学家的观点加以引述的。朗格也注意到了同一种情绪所产生的重要的内在反应，如面无血色，接着是脸色苍白，有时还会颤抖。好几代心理学家都已注意到这些事实，但是没有人像这两位那样，在其著作中直截了当地宣扬其重要性。

较早的研究者认为，先有情绪体验，然后产生躯体的变化。詹姆斯和朗格把这一说法颠倒了过来，他们宣称，引起情绪的外在刺激导致躯体的变化，而***我们对躯体变化的知觉即为情绪***。我们且看一看詹姆斯的著名例子：“我们过去说，我们因丢失了财富而悲哀、哭泣，我们遇到一只熊而害怕并逃跑。”詹姆斯说："更为合理的表述应该是"，"我们因为哭泣而悲伤，因为颤抖而恐惧。"躯体的变化在先，我们称之为情绪的意识状态随后。简言之，以一位心理学家的话来说，"情绪就是在此类情况下躯体的感觉方式。"这就是众所周知的著名的詹姆斯—朗格定理。

可以肯定，本书的读者一开始也会像19世纪80年代的心理学家一样，认为这一理论荒谬透顶。但是，如果考察一下开创此理论的那两位学者的讨论，不难看出这一理论很有些合理性。首先，它指出，所有这些躯体变化都被实际地体验到了。在悲痛时我们意识到了眉头紧皱，脑袋低垂，双臂无力地悬着，肌肉松弛，身体的每一部分都受到了影响，每一部分的变化都进入了我们的意识状态。读者若要确证这一点，不妨在下次处于某种情绪状态时，仔细观察身体各个部分的变化，这些变化倾向将有助于弄清自己一般的心理状况。

其次，如果把躯体的变化从情绪的意识中拿掉，那么情绪也就荡然无存了。詹姆斯要求人们想象把大笑或大悲的躯体感去掉，并指出还剩什么可称为情绪。正如他所说，当一个人完全没有关于恐惧的躯体伴随物，如逃跑、心跳加剧、呼吸急促、嘴唇颤抖等等，他几乎不能说还有恐惧，尤其是如果他连伴随情绪产生的内在兴奋也摆脱之后。没有任何躯体征兆的情绪就像没有王子头衔的哈姆雷特，它根本不存在。

此外，还有些情况是躯体本身不适，这时伴随情绪的内部变化是在没有外物的情况下产生的。在这种情况下，我们似乎产生了一种完全由内部手段引起的情绪，如一个病人具有种种恐惧或所谓的恐怖症，它们会在一天的同一时间发生，而且会把它们与碰巧是邻居家的某种东西联系起来。笔者记得，在轻微的神经紊乱中，晚上走路时，会突然害怕灯柱子！在此种情况下，引起恐惧的躯体变化已经有些失常，就像被微力触发器触动一样，一触即发。某些内在的刺激引发躯体变化，从而使人感觉到恐惧。这似乎表明，仅由内在的变化也能引起恐惧。

尽管对批评者们指出了这些事实，但他们却仍很难相信那看似颠倒的观点是正确的。倾泻而来的反对洪流来自两大争论。首先，一部分人因自己的情绪体验而不同意詹姆斯和朗格的观点。这些人争辩说，当他们“看到熊”，他们就被吓僵了，呆立片刻，转身而逃。因而恐惧是在恐惧的情绪表现之前产生的，所以詹姆斯不对。但是，如要驳斥这一争论并无多大困难。

站在这两位误入歧途的教授之列的人们说：“你们并没有明确意识到在这类情况下所发生的内在变化的重要意义。正是这些变化赋予情绪以破坏性特征，这些变化在前，约一秒钟的耽搁之后，人们才意识到了情绪。接着进一步产生了躯体的变化，然后便是落荒而逃。就像所有学生所告诉我们的，在晚上他们摸黑跑回家，越跑越害怕。因此，先有内在的躯体变化，接着是知觉到它们，即我们所谓的恐惧，然后躯体变化加剧，情绪更为强烈。”

另外，还有一组批评者质问，我们每个人都知道，人们常常因为激动而流泪，因而，怎么可以说是***因为***哭泣而悲伤呢？如果说躯体的表现引起情绪，那么同一种躯体活动又怎么可能在不同的时间引起不同的情绪呢？在这里，人们只得再次指出，在这两种情况下躯体的表现是不一样的，而除此之外，答案仅剩一种，即一种情绪的关键在于它的内在作用，而这种作用是不能从外界加以观察的。因而，对这种差异的根本之处加以观察有赖于某种假设，即每种情绪都有不同的内在反应，而这一差异足以形成各种各样的情绪生活体验。没有人能说出这些决定一个人快乐还是悲伤的内在过程是怎样的。如果听任如此，大多数科学家会因其不可证实而拒绝接受此理论。

英国生理学家谢灵顿采取了另一步骤。他是这样来争辩的：“如果情绪主要是对某种内在变化的意识，那么，如果我使这类内在变化不可能感觉得到，那么情绪也就不可能存在了。”于是，他对狗进行了试验。他把狗上至肩隆的各种感觉器官通往大脑的冲动全部阻断，但是狗还是表现出了恐惧、愤怒和厌恶的迹象。在另一个实验中，狗的心、肺、胃与大脑的联系也被阻断，但狗仍然表现出了情绪。于是谢灵顿说，这些实验清楚地表明了，内在的机体过程在情绪中无足轻重。由此，许多心理学家得出结论，詹姆斯和朗格的悖论必须抛弃。

但是，事情不是这么简单地就能解决得了的。人们已看出，在谢灵顿的实验中，除了某些外在的活动之外，一切都无本质的改变。也就是说，从外部看，情绪并未改变，但是，一旦涉及狗觉知（假若狗有意识的话）情绪的方面有无实质的变化时，这个实验就无能为力了。正如我们已看到的，大喜和大悲都能使脸色苍白。谢灵顿的实验或许将喜变成了悲，在这种特殊情况下，他很可能把两者混为一谈。所以，外在的表现并不是重要的成分。即使让它们丝毫不变，也能从根本上改变情绪的特征。不过，谢灵顿教授为人们提供了一个重要的工具，即把实验作为检验理论的试金石。这是所有科学的必由之路，首先是在已知事实的基础上提出理论，然后对理论进行试验、控制和检测，最终加以接受或摒弃。

现在看来，詹姆斯和朗格的观点所处的地位相当滑稽。他们的主要观点一方面似是而非，另一方面又颇具吸引力。那些反对派也不得不承认，自己的反驳主要是基于该理论不具可证实性的事实。另一方面，他们大多数人也承认，那些用以反对该理论的根据也是未加证实的。因而该理论被再次接受时就更显滑稽了。这就是詹姆斯—朗格定理受到那些坚持不信任该理论的人士支持时所遭遇的奇特命运！

另一位哈佛大学教授坎农，从1909年起发表了一系列有关情绪状态及其内在伴随现象的文章。他的最重要的研究是关于位于肾脏附近的某些小腺体即肾上腺的作用。研究发现，这些小腺体分泌微量物质，坎农教授称之为肾上腺素，当情绪激烈时，如恐惧、暴怒以及极度痛苦时，肾上腺素的分泌量增加。肾上腺素的分泌量相当微小，然而它产生的效果却是巨大的。在5秒钟内，两个肾上腺共同分泌的肾上腺素只有百万分之一毫克，或者说是一盎司的三百万分之一。然而，这个无限小的分泌物却似乎能够把一个体重150英磅的男人的行动力量提高7万亿倍！那么，如果投入和波士顿的一个居民的体重相当的肾上腺素的话，那就像把波士顿市的每个人以及千里之外另一城市的居民统统投入了一片喧嚣之中！

肾上腺素作用的方式非常有趣。首先，它对于疲劳就像一味解毒剂。在这一方面，它以两种方式起作用，先是从肝脏中吸收糖分。糖是肌肉最大的能量来源之一，在比赛间隙补充糖分的运动员对此最为熟悉。肾上腺素直接作用于肌肉，使它们忽然又恢复了活力。坎农教授指出，肾上腺素恢复体力的能力是如此强大，以至平时需要花两个小时的休息才能取得的效果，肾上腺素在五分钟内就完成了。这样，肌肉得到了恢复和新鲜的能源补充。

肾上腺素所做的第二件事，就是把血液从消化系统和身体的其他部分调集到肌肉以使骨骼运动，这看起来就像应急状态下唤起的行为一样。在紧要关头，消化活动将被暂时中止，实际上已有实验证明，愤怒或恐惧会使胃的消化活动停止。在情绪活动期间，除了那些提供给关键的行为用以应付危险情境的能量之外，其他所有通道的能量都被暂时转移了。

最后，肾上腺素能够加快血液的凝固，促使伤口结痂。这样，如果机体受伤，血液的流量会马上减少，伤口痊愈得更快，就和情绪紧张时发生的情况一样。

由此看来，肾上腺素把躯体置于军事戒严状态，并使身体的每个部分都处于最有利于肌肉发挥作用的条件之下。因而，当有人再告诉你这样的故事，如战士们在激战中表现出的英勇顽强，或在持久战中立下的赫赫战功，你无须再像从前那样猜想有一种潜在贮存着的能量。能量的贮存是有的，但它是在身体中，是由小小的肾上腺释放出来的。当这一腺体已做好输送的准备时，整个身体会立即处于应急状态。从未听说仅靠努力就能疗伤，但是，当一个特别微弱的消除机制建立之后，伤口很快就得到了护理。这是一个多么奇妙的结构啊！而就在那时，我们体验到了“愤怒”或“恐惧”。

现在看来，坎农教授关于肾上腺作用原理的研究结果恰好再次支持了詹姆斯—朗格定理。要明确指出能够用来说明我们处于情绪状态时所观察到的一切现象的躯体变化，向来是困难的。就说一般的肠胃不畅，或心跳变化或诸如此类等等，能够引起我们在情绪中意识到的可怕变动，这似乎显得水分太多且无说服力。但是，如果把整个躯体看作在某一时间处于这种或那种特殊的应急状态，这看来至少与“它感觉的方式”相一致。尽管坎农教授声称其研究是与詹姆斯的理论相对立的，然而实际上他却支持了詹姆斯的理论，因为他证实了存在着这样一些重要的内部失调，尽管它们看上去在恐惧和暴怒这类对立的情绪中却是一样的。因而，肾上腺素作用的发现导致这样一个结果，即当代许多心理学家倾向于认为，就是那些类似詹姆斯—朗格悖论的观点也是对的。不过，同时，我们期待着有人来告诉我们，为什么愤怒和恐惧间的感觉差异如此悬殊！

新的发现终会出现，尽管它可能不会沿着坎农教授的实验路线。

第四节　调动躯体的两种方式——情绪训练

愉快和不愉快、痛苦以及情绪都有明确的目标，即帮助人类机体更好地应付自己所处的环境。愉快和不愉快构成了第一道防线。如果一个事物对我们有利，一般情况下它就是令人愉快的，我们感到它有吸引力。如果某物对我们不利（就像大多数引起痛苦的事物一样），那么我们通常要避开它，并说它令人不愉快。如果它非常有害，我们就表现出了情绪，在这种情况下，一种截然不同的机体组织产生了。下面让我们举例说明。

找些儿童，训练他们坐在大厅里一起听人讲话，或训练他们在教室里安静、有序地完成布置的任务。这是一个有能力的教师所做的事情，他通过激发兴趣或其他方式，设法保持所谓的“好秩序”。孩子们被安排进了一个班级。假若这时忽然响起了火灾警报，那么在管理得体的学校中，孩子们马上就能明白该做什么。正常的学习暂时中断，学生们站起来，并沿着正确的方向跑出出事地点，屋顶、楼梯或其他什么地方。应急组织被调动起来，正常的程序暂时中断，人们采取特殊的步骤以应付特别的险情。

人类身体内部也发生着同样的变化。处于日常的生活秩序中，第一种组织——教室——就能满足需要。愉快和不愉快与日常生活情境有着密切的联系，而且基本上属于机体的日常功能。但是，这里是一种异常情况。

没有人教给机体去把它的各个部分和各种神经信息组织起来。没有人教导人类这一大集体保持秩序。在有教师把孩子训练成***班级***的一分子前，大自然早已教化了细胞而细胞群则把身体的其余部分称作***孩子***。不必有人去教导这个孩子如何体验快乐或烦恼。

假设此时出现紧急情况，那么立即会有一个不同的组织被调动起来，机体的反应方式全如训练有素的一班孩子在听见火警时的反应。正常程序被打断，消化过程暂时中止，心跳加快，等等。通过采取一致的行动，险情被排除。在此需再次提及的是，机体不需要学习。大自然已完成了所有的组织安排，已操练好班级，并规定了每一小组的职责。大自然已教会了我们如何去害怕。

我们每个人都曾应过急，也曾将紧急事变作过轻重缓急的分类，一旦日常组织不济，它们立即发生效力。

因而很容易看出，我们必须学习的最重要的事情之一，就是如何通过大自然赋予我们的组织化手段来使用我们的自我保护能力。教导一个人去表示愤怒是既不可能也无必要的。当一个人能够区分无缘无故的发怒和正当的愤慨时，他是完全正确的，而且是一个合格的心理学家。人们也不可能教导一个孩子不去害怕，而且即使有这种可能，它也不是人们想做就能做到的。但是，把应该害怕的东西教给孩子则是合适的，而且事实上也是重要的。一个小孩子独自穿过繁忙的街道会感到害怕。伴随着愉快和不愉快，这种日常的组织不足以处理包含着生和死的情境。

倘若以应急为尺度，情绪的出现将相对很少。一个人在早餐时因为粥凉了而发怒，早餐后因为火车误点而怒气冲冲，坐在火车上又因为车窗太低而怒不可遏，一天里总是怒塞胸膛，这样一个人就像每隔一刻钟就要进行火警操练的班级，或者像每隔一个月就要进行军事动员的国家。在这种情况下，日常生活根本无法进行，尽管人人都想让生命的时时刻刻充满辉煌，但日复一日的常规让地球周而复始地旋转。因而，最好是在适宜的场合表现愤怒和其他情绪，而且每次最好只有一种。至于哪些是适宜的场合，这要由其他更聪明的人来决定了。这里将解决另一个难题。

许多心理学家，尤其是那位奥地利医生弗洛伊德的追随者们，最近指出了他们称作压抑的罪恶效果。压抑的情绪即一种受到压制的情绪。日复一日地与一个每隔半小时就幻想有人将杀死自己的人生活在一起，却守口如瓶；月复一月地眼看着他人偷去自己心爱之人的柔情蜜意，却只能忍气吞声；因为害怕被人说成是胆小鬼，每天只得在可怜的令人恐怖的黑暗中爬上床去，却不敢吱声——这一切便是压抑。这类心理学家说，让情绪得到正常的宣泄，根据不同的情况，该斗则斗，该骂则骂，该哭则哭，这样才能更加健康。已经证明，这类压抑毫无疑问会产生严重后果，神经崩溃、失眠，甚至还可能导致一大堆名堂怪异的病症。躯体被错误地组织，恰似这样一班学生，老师不断地向他们大喊“着火了”、“着火了”，却又强迫他们坐在座位上。对个体而言，把情绪表现出来肯定更为健康。但对其他人来说就不那么健康了。这就像一个可怜的偏执狂告诉他的病人，去杀死他的姨母以便治愈他的失眠症！但是，这种类似的事情是很多的，一方面为了他人的利益不能宣泄自己的情绪，而另一方面压抑情绪又对患者造成危害。这的确是一个两难境地。

当然，普通人不会遇到这些问题，而这类问题一旦产生，便需要专家来处理。但是，同一事物还有另一面，它几乎严重困扰着地球上的每一个家庭，这就是儿童的情绪表达问题。如果说压抑情绪是不利的，那么随之而来的一个问题是，当孩子发怒时，是否应该允许他又哭又叫，允许他把杯子摔到地上，把帽子扔向母亲，把他的头发连根拔起。所有这一切都是情绪的表达，而且理论上认为，如果震怒不能以自然的途径“发泄”，儿童个体将被扭曲，并可能导致神经障碍。从逻辑的结果来看，每个有孩子的家庭即使不是地狱，至少也是一片混乱，这样儿童个体性不能得到保护。当然，现代许多沿着这一路线从事儿童研究的著名专家不可能采取这种极端的观点。但是，目前仍有许多人把弗洛伊德奉为神明，因而揭露这一特殊的谬误是值得的。

首先，除了少数阿韦龙野人（参见第八章）之外，没有人生活在与世隔绝的世界里。世界上还存在着其他人，这一事实必然限制我们的行为，而且学会与他人共处正是我们教育的一部分。因而现实问题并不是如何去寻找那些能够把世界塑造得更别致的最好事物，而是如何更好地教育儿童满足现有的条件。

因此，如果大发脾气会不合适地妨碍他人，而只有压抑才是保护他人权利的唯一途径时，那么就应该压抑。儿童不会漠视这一事实，即他从四楼的窗户跳下去会被摔死，同样，他也不能漠视另一事实，即世界上还有其他人存在。人类就像人行道一样是环境的一部分。如果他漠视他人，那么终有一天他将倒大霉，而恰巧护士就不在场。没有人允许一个孩子从四楼的窗户跳下去，因而他的个体性得以保存。最近，一位为人之父的非常聪明的心理学家向我指出了同样的观点：一个人永远不应该对孩子发怒，采取这一态度是多么荒谬。他说："孩子必须懂得，假如他做了某种事情就会使大人生气。这应当是他的教育的一部分。"然而天下还有多少父母多少有点儿自知之明，认为不该以发怒来惩罚孩子？

幸运的是，在压抑情绪即伤害儿童和宣泄情绪即危害他人的两难处境中，似乎出现了一条摆脱之道。这就在于对情绪的适当训练。标准就是既不要增强愤怒也不要压抑愤怒，但是，***若一点儿不增加愤怒则必然需要压抑***。生气没什么，错的是乱生气。

这种训练使得愤怒的先天机制一遇适宜刺激便被启动，因而是我们的成长过程中特别重要的一部分，然而很少有父母能清醒地面对此问题。从理论上看，可以引发某种刺激来启动愤怒或恐惧的机制，这一点在华生①教授对于幼儿的实验中已得到证实。华生发现，能够引起婴儿恐惧的少数事物之一，是忽然铛铛地敲击金属棒的声音。于是，他首先把诸如猫和兔子之类小动物带到婴儿的睡床边，小宝宝看到这些动物奇怪的跳跃动作惊喜不已。然后把一只白兔子拿到婴儿的床边，同时那讨厌的响亮的铛铛声忽然响了起来，婴儿被吓哭了。这样重复几次之后，虽然只把兔子拿来而不再有响声，但孩子照样大哭，并表现出有关害怕的一切迹象。由此，婴儿获得了一个条件性的或替代性的恐惧反应，最初或原始的刺激是令人讨厌的声音，次级刺激是看到动物。通过联想，次级刺激起到了原始刺激的作用。当这种情绪反应被稳定地建立起来之后，一

---

①华生（J. B. Watson，1878—1958），美国著名心理学家，行为主义学派的创始人。——译者注

只兔子甚至是一件毛茸茸的衣服都能引发这种情绪反应！从这些以及其他的实验中可以明显地看出，我们完全有能力对儿童进行大量的情绪训练。我们可以训练儿童在适当的场合把躯体紧急调动起来。

那么，对于压抑还是发泄情绪这一令人困窘的两难选择，其正确答案应该是：两难选择的存在这一事实恰好是不良的情绪训练的结果。如果一个孩子因为不能抽出他父亲的书而恼怒，这意味着从未有人教导他他人的权利就和坚硬的墙壁一样是无法回避的事实。很少有孩子会因为不能穿越墙壁而哭泣吧！再者，如果母亲不是天生愚笨的话，她的孩子也不会因为不能拿着电灯泡玩而大哭大闹。

这就导向了另一个有趣的问题：大自然如何把自己的课程教得那么好？人在童年时，能承受自然的不可能性，而大了（甚至成人时）倒拒不承认那些所谓的社会不可能性（如欺骗他人或冒犯众怒而期望不伤害自己），这又是怎么回事呢？

答案是双重的。自然具有必然性，她从不制造例外。其次，可能也是最重要的一点，自然具有伤害性。

如果撞墙的结果是有时不舒服，有时却没事，那么很显然，儿童要花很长时间才会发现，碰撞墙壁具有伤害性。如果割破手指或擦伤皮肤，有时疼有时不疼；如果苍蝇飞进眼中，有时难受有时却无所谓，那么可以肯定，学会保护身体这一***必须***学习的东西，比起现在的遗传来，这一难题会更令父母头痛。但是，“无价的危险信号——痛苦”千篇一律地在这些情况中出现，而且每次出现时，实际上已伤害到身体。“如果它让你痛苦，就不要做。”老医生训导说。但孩子们不会听劝，正如我们已说过的，总有这样那样的例外。

但是，对儿童进行情绪训练却没有明确的惩罚措施。的确，我们一般都知道不要对物发怒，但是令我们情绪失控的大部分情况都与人有关。而且，即使当我们对某物或因某物而发怒时，并不会立即产生不愉快感，就像我们撞到墙的时候一样。假如那个诅咒天气或抱怨粥凉的人，每次总能立即受到某种令人恼怒的碰撞等惩罚，就像用手打碎一片玻璃所受到的惩罚一样，那么抱怨天气的现象将和空手打碎窗玻璃一样罕见。如果其他情绪失控也必然伴有同样的不舒服感，那么我们将能比现在更好地平衡自己的情绪。总的来说，无论在学校还是在家中，凡与他人在一起的孩子，情绪更易稳定。这是因为在一群孩子中，失控的情绪总会导致不愉快的结果，不管这种情绪是愤怒还是恐惧，或任何其他的情绪。

这就导向了本节中要讨论的另一个问题。人们常问，肉体的惩罚是否正当。从心理学的观点来看，这个问题只有一个答案。大自然表达“请勿动手”的方式是带给你不适，这实际上是限制有一定吸引力的东西的唯一有效的方式。事实上，几乎所有的痛苦都会带来不适。大自然教导一个孩子不要把手伸进热水中也是通过引起痛苦。这正是痛觉器官的作用。大自然教会一只小狗不要把自己的腿咬伤，同样是利用痛苦，因而，彻底地增加痛苦具有避免伤害的明确目的。

这时大自然看起来很残酷，但是她***教给了我们经验***。要使一种限制牢固地确立下来，痛苦的惩罚是不可或缺的。我们每个人的一生中似乎不乏此类事例。如果在这些情况下母亲的责任心动摇，她就难以履行自己的职责。当然，对于那些无知无识、没头没脑、难以管束的人来说，让他们随意支配痛苦是一件危险的事情。任何其他的矫正措施都是如此，不论是罚站五分钟墙角，还是蹲五年大牢。

愤怒、恐惧和其他情绪，在应急中具有确定的位置。在通常情况下它们并不起作用，但是它们将为了最初安排给它们的特定任务养精蓄锐。压抑情绪是不好的，但是，一个健康的个体，因为有着严格而明智的教育，通常并不需要压抑情绪。因而，在传授这种教育的过程中，一般来说，最好的办法是模仿大自然。

而这似乎就是大自然的心理学！

第10章

心理测量

一个人正在枫丹白露森林中散步，突然停下来惊惶失措地向附近的警察局跑去，报告说他看到一个大树枝上吊挂着一个什么东西。

我的邻居家来了几位陌生的访问者，在接待了医生之后，又来了律师和牧师。我的邻居家发生了什么事?

第一节　军队心理测验的故事

在1917年4月6日，美国宣战。同一天，一批心理学家会聚剑桥，讨论他们的科学如何才能最好地为国家服务。历史正是始于美国对德国宣战，因此，心理学家在哈佛的爱默生大厅宣布对德国宣战，标志着一个新纪元的诞生。

人类的心灵觉醒了！

2000年前，恺撒对高卢进行了辉煌的征讨，在这一场大战中，对心智加以组织的想法在那个年代听起来一定荒唐。恺撒认为，听从那些专事了解心智的人们的忠告的想法真是愚蠢。拿破仑则认为，士兵不过是棋盘上的棋子，可由操棋者任意摆布。士兵与棋子的区别在于士兵有自己的动机力量。因此拿破仑说："军队要按照自己的欲望来调遣。"

如今或可说，军队是按心智来调遣。当心理学家会聚一堂，根据国家的部署来运用他们的专业经验和知识时，他们是在宣告人类进步的一个新时代。这一会聚的直接结果便是成立了一个委员会，该委员会后来编制了那些著名的军队心理测验。让我们看看这些科学家们都面临着什么问题。国家已经宣战，这就意味着整个国家都要在尽可能短的时间内最大限度地调动起战斗效率。延迟一天意味着失去宝贵的生命，延迟一周意味着严重的失败，而失败要通过失去许多生命和宝物才能挽回，延迟六个月意味着无法挽回的灾难。千千万万的人都必须各尽所能。那些具有指挥才能的人必须指挥战斗，那些具有其他特殊才能的人也必须做相应的工作。就像在以前的战争中一样，如果一个人具有指挥官的能力，却又必须做高于其军衔的工作，那么，这种多管闲事式的人才浪费是以流血牺牲为代价的。

夏洛克那么无情地要割那一磅肉[①]，但这远比不上现代战争对人力资源的无效和错误使用实施的无情惩罚。

18个月之后，即1918年11月11日，112名官员和350名应征专家开始对新兵进行心理测验。他们雇聘了500名职员从事制表和其他工作。170多万人接受了测试，相当于1920年波士顿人口的2.5倍。对士兵和军官的心理状况进行科学的评估为指挥官们提供了不可估量的帮助。人力的浪费几乎完全消除。

为了战争，国家的大脑已经组织起来了！

心理测验的任务是测验智力水平，从而遴选出优秀士兵。一位英国海军权威人士说到军官集训候选人时，认为那些孤僻的、寡言的、谨慎的并能自我反省的年轻人在社会上有其位置，也许这类人代表人群中的最高等级，但是，他们在战斗指挥中没有位置，或许我们还可以说，他在前线军营中也没有位置，

① 夏洛克是莎士比亚剧作《威尼斯商人》中的人物，一位放高利贷的犹太人和狠毒的报复者。为了报复自己的敌人安东尼奥，夏洛克在借钱给前者的同时提出一苛刻条件：若到时还不了钱，他就要割掉安东尼奥身上的一磅肉。后来，当安东尼奥因故一时无法还钱时，夏洛克毫不通融地坚持要割那一磅肉，欲置安东尼奥于死地。——译者注

因为这里需要的是思维的敏捷性和精确性。因此，美国的军队测验设计了212个问题，就设计的基本问题情境而言，它们每一个都很简单，但以较快的速度正确解决却也困难。那些容易“慌乱”的人在军队测验中不能做出好成绩。当然，这样的人也不能被用来负责其同胞们的生命。

问题举例如下：

测验一的第七个问题，印有字母表中的前16个字母，要求被测试的人勾掉紧跟在F后面的那个字母，以及在I后面的第二个字母下画线。

尽管题目很简单，但就连那些对测试卷做得较为准确的人也会出乱，如在G下画线或类似的错误。有12个系列问题是被设计用来测验一个人的理解、记忆和执行命令的能力的，这是在战争中最重要的能力。

还有一组系列问题是要求做20道求和一类的算术问题。

例如：如果飞机10秒钟飞行300码，那么，它1/5秒飞行多少***英尺***？

其他测验要求找出反义词，选择常识性理由、一般知识等。具体日常情境需要的速度和精确性也是军队中所需要的，由军队测验测出的这些品质尤其显著。最好的测验（实际上是所有的测验）关键在于结果，按照这种标准来判断，军队心理测验是完全成功的。尽管这是一种相当自然的保守主义，但实际上，那些负责新兵遴选的人对这种新方法的积极性十分高涨。心理测验将成为“一种常规”。心理测验是预测人们未来的“绝对指导”。它们提供了一种“独特的帮助”。

下面让我们考察一下对175万人心理评估的结果。处于最高等级的占5%，这些人分数高达135分以上，因为他们的智力较高，这些人被评定为高级“军官材料”，这些人在大学能够取得优秀成绩，他们能够较快估计实际形势和较快拿出解决问题的方法。一般地说，这种人就是我们所说的事业成功者。

量表的另一端是那些低于24分的人，这个等级中的大多数人只能做士兵，但他们当中的有些人实际上是低能的。后来这个等级被标为E等，那些被军队留用的是D等及D等以上的人。中间的是C等人，其分数从25～104分不等。这个等级占总人数的60%，构成军队的主体，包括二等兵、优秀二等兵和低级军官。这些人的平均分数在45～74分之间，因此，这个分数也是接受测试的全部人的平均分数。

这样，就让我们看到了一个似是而非的情况，我们的一切政治理论也因此面临着被扔进熔炉的危险。当时，因为某种目的，军队当局随机选择了10万人，通过评估他们的平均心理年龄，他们得出了一个令人吃惊的结果。

军队的平均心理年龄略高于13岁！如果军队分数作为整个国家分数的近似值，那么，我们似乎要被迫接受一个结论，即整个国家的平均心理年龄在13～14岁之间！

围绕这个特别的结果，人们展开了大量的讨论。就其本质而论，这个结果是超乎寻常的，它意味着，我们整个国家的智力水平与初级中学的七年级学生处于同样的平均水平。换一种表达方式，这就意味着，只要仍然是民主的统治，美国便是由5000万七年级智力水平的人控制着国家的命运，而且，就目前的情形看，他们也许还左右着世界政治。

这似乎是一个令人吃惊的结果，如果它是真的话。不过它似乎得到高级科学权威的支持。

让我们较为细致地考察一下这些结果。也许，它们说到底并不那么令人震惊。首先，有迹象表明，结果并非来自完全公正的测试。事实上，正如已经指出过的，军队当局本身承认，的确有一些人的智力并没有被公正地加以评估，这就是说，这些个案没有证实这个一般性结论。哲学家康德是否被评为高分是值得怀疑的。有一个真实的案例是，新英格兰[①]的一位最优秀的推销员根本无法通过这项测验，但必须承认，这样的例子是极少的。从实际的目的出发，我们可以假设，大多数人都受到了公正的测验，因而，该测验所表明的结果是，军队所需要的处理事务的能力，就是处理实际型的新情境的能力，这种新情境是过去的经验没有遇到过的，而绝大多数人的这种能力在13岁以后都没有太大的发展。这就意味着一般13岁的童子军解决所遇到的简单实际情境的能力可能与一般20岁的二等兵一样好。

① 这里的新英格兰是指美国东北部。——译者注

一般人在13岁以后仍会发展是可以肯定的，但他不发展其处理新情境的能力也似乎完全是肯定的。没有一个现代心理学家认为，一般人在20岁以后还发展其智力，但十分肯定的是，一般30岁的人有一些他10年前所没有的偏好。除了对具体情境进行理解并作出反应外，还有种种其他能力。与某种道德判断以及那种诉诸现实生活和经历的判断相比，我们在日常生活中需要作出的判断无需多高的智力。

生活中的艰难困苦会使我们所有的人在30岁时能够比在20岁时投出更加正确的一票，但测验是无法测量出来的。军队心理测验只对人的某一个方面（或许还不是最重要的方面）进行测量。13岁以后，我们（作为一个国家整体）在纯智力方面有发展。纯智力并不等于一切，我们还是应该感谢军队测验，因为它从我们的政治思维中去除了某种对智力的沾沾自喜。一旦尘埃被拂去，我相信人们会认为军队测验是对社会科学诸种测验的一大贡献。

所获得的另一个有趣的结果是对各种行业和职业的比较。有一些令人吃惊的数字可见于已发表的那部分有关测验的迷人的著作。下面介绍的内容，反映了30多个行业和职业的一般情况，并且表明了其间的相互关系。

最低分数者——正如我们可能猜想的——是劳动者，他们的平均分数在C等以下。矿工、卡车司机、理发师都在这一组。稍高的（平均分数为C等）有21种职业，按智力水平顺序包括建筑工人、锻工、管子工、普通机械工、汽车修理工和电话操作员。在C等以上的是照相师、职员、护士和记账员。然后是职业中的贵族。处在B等的是：

牙科官员

机械制图员

会计

土木工程师

医药官员

最高等级的是工程师官员，他们的平均等级是A等。这就是说，按照智力水平，一般的工程师官员处于顶端，占人口的5%。

这些结果意味着什么？我们能否相信，就一般原则而言，一名文秘职员在智力上比那些能把福特汽车引擎拆开并重新组装使之发动的天才们更优秀呢？这不是一般世界观，即付给一个人一周高达70美元的报酬，而另一个人则不足30美元。

这些测验受到了许多不该受到的批评，批评者并没有理解测验的编制者们的意图。这些科学家中没人坚持认为文秘职员真的要比汽车修理工聪明。的确，他们在报告中指出，作为整体的技工可能不完全具有代表性，因为他们中最好的人，可能在军队中从事各种战争产品的生产。每个工厂都留藏最优秀的人员，这很自然，因为没有他们生产就无法进行下去。很多受过高等教育的人似乎都将自己列在职员栏下，也许是在大学中学会了使用打字机。此外，这些测验似乎更适应那些从事文秘的人，而不太适应那些做有关机械实际工作的人。因而，按照军队测验的结果来评估职员阶层和技师阶层的相对智力，是不公平的。首先是因为军队测验不能作为每个职业的代表性样本，其次是因为军队测验可能偏向一个阶层而不偏向另一个阶层。

但是，作为一种大致的职业指导，这些测验也有一些决策价值，只是我们要时刻承认它们的局限性。例如，一位中学高年级学生向校长询问自己将来的职业。这个男孩想做一名医生，他的班级所有的男孩都接受了测验，这个男孩的成绩是95分。

“你好，弗雷德，”校长说，“你的分数向我们表明了一件事情：你能否成功地取得作为一位医生的资格，是值得怀疑的，况且这将是十分辛苦的工作，你将比其他的医生花更大的努力。在战争中，一般的医生在军队测验中获得100以上的分数，而你只有95分。如果你喜欢从事这种职业，那么，你将发现其他人在智力上比你更优越。”假如——尽管有这种直率的劝告——这位年轻人仍然孜孜以求，那么，至少我们知道他理解了自己的情况。如果他有足够坚定的决心去克服他遇到的困难，那么，他可能会成为一名好医生。

但是，在另一个方面，同样的测验可能也可用于职业目的。例如，我的一位朋友想派一个人去国外照料他的生意，这个企业完全是新企业，并有大约10万美元的资本。由于对这个人有些不确信，他问我是否能够帮助他。这个人有很好的诚实和信任服务的记录，十分了解自己的生意，并从未听说犯过错误。他的特长是计算能力，而且他被认为对自己工作的全部领域有超乎寻常的了解。用军队测验，他被评定为100分，这比军队中的会计的平均成绩要低得多。在要求他“标出图A中的正方形而非三角形的空间，并且标出正方形与三角形交叉部分的空间时”，他只是简单地把“图A”标志为“图B”的形式。

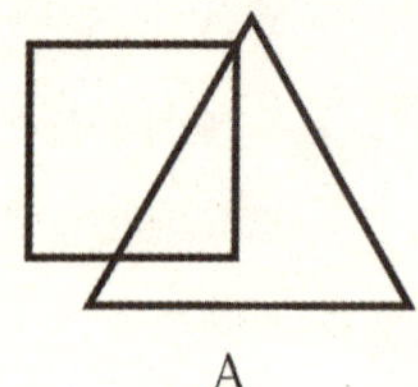
A

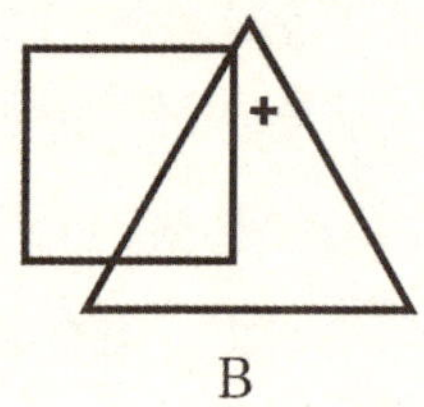

B

这对那些实际上没有看到他所作所为的人们，似乎是难以置信的，但这竟然发生了！这个人也做过其他方面的测验，有对也有错。例如，这个人被要求在五分钟内解答20道完全简单的算术问题，他实际上做了六道，其中有两道是错的。这是他最差的成绩，尽管他的职业是和数字打交道。

我给我的朋友的报告详见如下：

“可以说这个人了解自己的行业。对此，我说不上来什么，但是，我能向你说明我问他几个简单问题时他所作的反应。在我看来，这似乎表明，这个人不能记住几件简单的事情，像是一位差劲儿的投机商。在我看来，当他面临激烈竞争时，他每一次都会被那些思维比他更敏捷、更精确的人所击败。就一般智力而言，他很难达到大学中学业平平者的水平。这可能是，他具有其他方面的品质，使他成功地获得了一个需要责任心和创造性的职位。但在我看来，这种机会非常渺茫。假如我有10万美元的话，我当然不愿意拿我的钱让这个人去冒险。”

现在回到军队测验上来，目前已经有测试特殊行业能力的测验问世。例如，测试汽车驾驶员的标准测验，这个测验实际上是由在标准条件下驾驶一段路程组成的。类似的测验还有，在火车司机成为真正的驾驶员之前，要求他们做一些关于火车的事情。

那些声称在某个技术行业中有某种特殊能力或精通此行的人，都要求通过关于该行业的标准化测验。例如，要求机械师和技工回答的问题是：

“什么是人们所说的小锉刀？”

“什么形状的印模被用来去除表面的光亮？”

并根据答案作相应的评定。其他测验还包括对行业中专门工具的辨认。因此，木工在种种详细的技术问题中还可以看到各种木工工具的图片，他被要求指明不同木料的类型。通过这些方法，可以有效地节约军队和国家的资源。这就有可能直接甄别出一位曾因帮助自己的父亲用木瓦盖屋顶而自认为有资格以熟练木工的身份来领取纳税人的辛苦钱的人。这还可以将那些专注于加拿大式房屋装潢的人，那些为一份油漆活而索要高价的人排除在技能工种申请人员的行列之外。八名所谓的熟练油漆工被雇用。在报到的那天早晨，他们都来了，但似乎没人有心着手工作。后来终于明白了，他们人人都在等别人先干！

测验运动还没有结束。心理学家才刚刚开始对人类的活动进行标准化，并测量其能力。测验工作的未来方向很难预测，各种测验已经在家庭、学校、工厂和公司经常性使用。智力测验有助于大学当局评定学生，特殊的测验有助于雇主节约雇用、培训和解聘雇员（因为不适应工作）的大量开支。测验也有助于雇主遴选和提拔雇员，帮助工厂老板为要求特别灵巧的岗位选择适当的人员，选择优秀的推销员，选择优秀的速记员。

测验不用来为雇主节约钱财是没有任何理由的。

这是心理学的时代。大量的应用心理学被用来编制各种测验，因此，对测验进行大规模的、最科学的、最透彻的研究，使之在未来发挥最大的作用，最公平、最安全地测量人的心理，这些就是那些编制***军队心理测验***的人所承担的工作。

第二节 心理测验与儿童

“那是个聪明的孩子。”有一天，当我正注视着一群在岸边玩耍的孩子时，一位老校长这样对我说。

“你是怎样知道的？”我问道。

“呃，他只有8岁，但他的行为却像一个12岁的孩子。他有许多认识都像12岁的孩子。”

这是在我读大学时，以及我们听到许多心理测验之前的事了。不过，这位老校长的评论与今天心理学家所说的现代心理测验观念十分接近。

贯穿于本书的论述都是人类如何不断地适应外界条件。

一个人看见一片黑云，就取出他的雨伞，这表明他比那些没有雨伞和淋湿的人更能适应特殊的环境。一位商人看到某种政治变化，就能预测到对其商业和买卖的影响，这样的人在适应上就优于那些在隔壁办公室中的人，他读着同一张报纸，做着同样的生意，却没有考虑到政治变化对其商业的影响。一位儿童看到桌子上的果酱，会搬来一张椅子站在上面，然后能够着瓶子，这个孩子的适应性就优于那些看见果酱瓶子，也想吃果酱，但没有想到椅子的孩子。

在这每一个例子中，具有较好适应性的人就被认为是更聪明的人。总之，保守地说来，我们可以说智力就是一种适应能力，这就意味着它是处理所遇到的一种或另一种情境问题的能力。这种情境简单得如一个婴儿的玩具从摇篮掉到地板上，或者复杂得如一位政治家面临着国家如何渡过一场危机。婴儿越过摇篮寻找落到地上的玩具，就像政治家在进行了经济和政治研究之后制定政策一样。每一个人的行动都要满足一定的情境，并且每个人都要能够依靠他自己的过去经验和他遗传得来的神经组织作出行动。不过，一个人的神经组织可能比另外一些人的神经组织更能够使他处理更为复杂的情境，作出更为正确的反应。差别是在程度上而非种类上。

大约六个月或更小的婴儿以看的方式开始接触玩具掉落于地板之上的情境，因而，这一情境就可以作为特定年龄阶段的智力测验。假如六个月的婴儿能够做这件事情，那么，我们可能会说，这个婴儿达到了这个年龄的平均智力。如果他做了一般只有较大儿童才能做的事情，那么，我们就应该说他超过平均智力水平。如果他不能做在他这个年龄的大多数儿童力所能及的事情，那么，我们就应该说他的智力低于平均水平。如果我们有一组事情，是1岁、2岁、3岁乃至成人中大多数人能做的，那么，我们就可以编制一个量表，用以测量那些我们不确定的人的智力。

这正是著名的“比奈量表”[①]和其他量表所做的对儿童智力的测验。法国心理学家比奈对巴黎的数百名儿童进行了研究，发现了在各个年龄阶段儿童的能力范围之内所能解决问题的情境。根据他的量表，一个智力正常的儿童应该能够做下列规定的他那个年龄阶段的事情。下表是由戈达德[②]博士所给的一个压缩的量表[③]。

4岁的心理年龄

1．说出自己的性别。

2．给熟悉的物体命名（钥匙、小刀和便士）。

3．正确重复3个数字，如“7–2–9”。

4．指出两条直线中哪一条较长（5cm和6cm）。

5岁的心理年龄

1．正确比较3克与12克、6克与15克的重量。

2．模仿画出一个边长为3厘米或4厘米的正方形，并能让人认出是一个正方形。

3．重复10个音节，例如：“His name is John. He is a very good boy.”（他的名字叫约翰，他是一个乖孩子。）

4．数出放在一排的4枚便士。

---

①比奈量表是比奈（A. Binet，1857—1911）和法国另一心理学家西蒙（T. Simon，1873—1961）共同编制的，所以又称“比奈—西蒙量表”。——译者注

②戈达德（H. Goddard，1866—1957），美国心理学家，他于1910年首次翻译并修订了比奈智力测验量表。——译者注

③引自《训练学校》，1910年，第146页。——作者注

5．把一张看过的卡片沿对角线剪开后再拼接起来。

6岁的心理年龄

1．指出是上午还是下午。

2．按照“用途”对下列至少3个词语进行定义：叉子、桌子、椅子、马、妈妈。

3．执行当场给予的3项简单任务。

4．指出右手和左耳。

5．成对呈现两幅一美一丑头像，选出美丽的那一幅。

7岁的心理年龄

1．数出放在一排的13枚便士。

2．指出在图画中看到了什么，对所见事物加以描述而非仅仅指出其名称。

3．指出呈现的头部图像中所缺少的眼睛、嘴巴或鼻子，以及上身图像中所缺少的胳臂。

4．模仿画出一个菱形。

5．快速指出四种颜色的名称：红色、蓝色、绿色和黄色。

8岁的心理年龄

1．指出蝴蝶和苍蝇、木头和玻璃、纸和纸板的区别。

2．在20秒内倒数20至1。

3．在10秒内指出一周的天数。

4．说出所呈现的3个1分和3个2分邮票的总值是多少。

5．正确重复5个数字。如“4–7–3–9–5”。

9岁的心理年龄

1．从25分中找出9分零钱。

2. 作出比按“用途”所下的更好的定义。

3. 说出一周的天数、一个月的天数和一年的天数。

4. 在15秒内背诵一年的月份。

5. 按重量大小正确排列6克、9克、12克、15克和18克的顺序。

10岁的心理年龄

1. 指出9种不同钱币的名称。

2. 根据记忆画出2种简单的几何图形。

3. 重复6个数字。

4. 机智地回答一些简单的问题，如“一个人在做重要的事情之前应该做什么？”

5. 用3个词语造句，如纽约、金钱和河流。

11岁的心理年龄

1. 找出一个混乱的句子中的废话。

2. 用3个词语造句（也呈现给10岁时所用的3个单词）。

3. 在3分钟内给出60个单词。

4. 在1分钟内找出与day、mill和spring押韵的3个单词。

5. 在1分钟内用不连贯的9个单词组成一个句子，如started–the–for–an–early–hour–we–country–at。

12岁的心理年龄

1. 正确重复7个数字，尝试3次。

2. 定义博爱、公正和善良。

3. 重复一个有26个音节的句子。

4. 抵制暗示。

5. 解决下列事实问题。（a）一个人正在枫丹白露森林中散步，突然停下来惊惶失措地向附近的警察局跑去，报告说他看到一个大树枝上吊挂着一个什么东西。（b）我的邻居家来了几位陌生的访问者，在接待了医生之后，又来了律师和牧师。我的邻居家发生了什么事?

一个6岁以下的儿童能够做上述所列的测验，就说明他具有6岁的心理年龄，其他则以此类推。这个儿童实际上可能只有5岁或4岁，甚至只有3岁，尽管后者的情况是极少的。英国著名的科学家圣·弗兰西斯·高尔顿在4岁时，就似乎能够解决一般在8岁儿童能力范围内的问题。因此，小高尔顿的心理年龄可能是通常所评定的两倍。只是我们没有那么多弗兰西斯·高尔顿。

因此，心理测验的最大作用就是应用于儿童。它找出一定年龄儿童应该能够做的一切。如果某个儿童能够做这些，那么他就具有这个特定年龄的心理水平。如果他能够做更多，他则具有较高的心理年龄。如果他做得较少，他则不太聪明。这看起来是一个简单的过程，但仅斯坦福的比奈测验修订版一项就耗费了许多研究者和学生的数年工作[①]。这正是美国科学界引以自豪的成就。由这个量表和其他同类的研究所导致的直接结果是，成千上万的儿童现在在学校接受测验，以确定与其智力相适应的学习。后进生就放在他能够跟得上的班级，因而不至于浪费班级和教师的时间。杰出的学生受到特别关注，使其才能得到充分发展。这场运动在未来可能比任何科学工作都能更大地节省人力资源。由于人力资源的误置便意味着浪费，测验运动的目的就是要克服学校班级中的这种误置。必须精确地进行这些测验，同时任何一位乡村女教师也大致能够作这样的测验。如此一来，心理测验便成为科学对那些值得我们教育的儿童的最大帮助。

① 1916年以斯坦福大学的特曼（L. M. Terman，1877—1956）教授为首修订了比奈量表，修订后的量表称为“斯坦福—比奈量表”。1936年特曼进行了第二次修订，1960年由其学生墨烈尔（M. Merril）进行了第三次修订。由我国心理学家先后三次（1924，1936和1981年）修订的“中国比奈测验”即以“斯坦福—比奈量表”为基础。——译者注

第11章

放松身心

我们的神经能源比美元更难以积攒。我们所有的人，不论强壮还是虚弱，自由支配的能量都是有限的。有效率的人把它用于生活，无效率的人却把它浪费在内部的摩擦和紧张上，凡是有着不必要的肌肉紧张或焦虑习惯的人，即易于产生不必要的紧张的人，就等于每天步入银行，支取他的神经能源资本并扔进水沟。

第一节 我们大多数人为什么会自我浪费

本章专谈放松问题。

经常乘坐地铁或高架铁路在大城市穿梭的读者，可能已经注意到，那许许多多与他同行的人，或坐或站，两手抓紧安全带，同时眉头紧皱，牙关紧闭。看到他们，你会想象，他们是不是在用双眉牵引着火车，抑或用下巴上的肌肉驱动着大街上的车辆。当然，这些人并没有用双眉牵引汽车，他们全神贯注于自己的事情。

我曾经见过一个人，脸上做出一副凝固的表情，假装紧皱双眉提着一个重物。他每天晚上只把这鬼把戏表演两次，我想每个星期三和星期六会有四次。有些人坐车时身负重担，但他们已习以为常，他们是些从来不会放松的人。

大家应该还记得，当我们的身体处于“军事戒严”状态时，情绪就产生了，它把能量调集起来，以便使我们为随后而来的高强度工作做好准备。在紧急动员时刻产生的意识状态，我们称之为恐惧或愤怒，或其他可能的情绪。因而，情绪与肌肉的活动紧密相关，而且，假如人们能防止自己的肌肉收缩的话，那么实际上恐惧和其他情绪将不可能出现。这并不否认恐惧也依赖于内在的变化，它只是简单地表明，如果剥夺了那些几乎总是伴随着情绪出现的肌肉活动，内在的变化将微乎其微，因为它们失去了刺激物。而焦虑就是一种缓慢而长久的情绪，既不强烈也不敏感，但正如一位电学家所言，具有潜在的低能。

现在让我们再提及一个简单的实验。读者下次经历中等强度的激动或感觉自己处于焦虑中时，要特别注意背部、双肩及双肩正中的肌肉，十有八九将会发现这些地方的肌肉僵硬且紧张。假如现在让他放松，他立即感到肌肉松弛下来。肌肉放松给这些机体变化以“停止”的信号，不管伴随激动或焦虑所出现的是什么样的机体变化，都是如此。

有几个人告诉我，就他们所知，当过于激动时，肩部的肌肉总是很紧张。还有几个人则告诉我，他们发现如果让肩部的肌肉放松，简直就激动不起来。

现在你会发现，那些坐在公共汽车里的人们，凡是眉头紧皱的，其身体其他部位的肌肉也同样处于紧张状态，甚至这些肌肉的紧张仅仅缘自眼睛不适这样一件小事。如果对他们加以诱导，令他们其余的肌肉松弛下来，那么，他们的脸上会出现一种特别的表情变化。那种苦涩、拉长的面孔将消失，下颌也不再是乘火车时的样子，而是双肩自然下垂。我曾多次看到过这种转变。那些自己因为早起而眉头紧皱或其朋友有过这些经历的读者，最能体会这一切。

让我再举一例。一个人早晨起床后，去了他的银行，开出一张50美元的支票，然后他走出银行，将支票一撕两半，扔进路边的水沟。

这人真是一个傻瓜！

在纽约这样一个城市里，有多少人同样愚蠢呢？提取我们宝贵的神经能源，用于紧皱双眉，紧缩双肩，这比撕掉一张50美元的支票更加愚蠢，因为我们的神经能源比美元更难以积攒。我们所有的人，不论强壮还是虚弱，自由支配的能量都是有限的。有效率的人把它用于生活，无效率的人却把它浪费在内部的摩擦和紧张上。凡是有着不必要的肌肉紧张或焦虑习惯的人，即易于产生不必要的紧张的人，就等于每天步入银行，支取他的神经能源资本并扔进水沟。

这就是现代生活使我们无效率的事例之一。当一只猫愤怒时，它会立即弓起身子，呼噜呼噜直叫，或用爪子撕扯。在激情过去之后，这只小动物还会甩动尾巴，摇来摆去地摆一会儿。我们知道，这种情况下，消化过程会停一段时间。但是，在必要的行动结束一段时间之后，似乎除了尾巴之外，不再有其他的肌肉紧张。因而，猫不会浪费它的能量，由此看来，猫比我们大多数人还聪明。

同样，当把一个小孩子放到床上时，他会立即放松全身的肌肉。你是否采用过儿童的睡眠姿态呢？他在睡觉时，小胳膊小腿“四仰八叉”。但是，我们看到，许多成年人在睡眠时，往往是紧握双拳，牙关紧闭。他们看上去就好像要把枕头抓起来。如果我们希望进入天堂乐土，就必须像小孩子那样睡眠。

当前，许多人懂得这一点，却会回答说，虽然其他人可能会放松，但他们自己却永远不可能。总的来说，这些人还因这种假想的无能为力而相当自豪，似乎它赋予他们与众不同的优越性。事实上，他们根本没有什么值得骄傲的。而实际上，他们就像在通过挥霍浪费或不刷牙来修饰自己。每个人都能学会放松，而且衡量一个人的水平，很可能要看他能否在数小时的紧张之后把所有的事情暂置脑后。

最伟大的人就是像小孩子那样在暴风雨中安然入眠的人。

第二节　通过放松解除失眠之苦

一天，一个长期以来焦虑失眠的人来找我，他曾听说心理学能治疗像他这种病例，因而与他的医生谈过之后，决定来找我，看一看能否对他有所帮助。通常情况下，一个教学人员的职业要求使他不可能拿出必要的时间来处理这种病例。但有时总有例外，而这次似乎就是一次例外。

如果读者在场，将会看到下述情况。一个高大、魁梧的男子，中等胖瘦，表情威严，他穿在身上的裁剪得体的服装更加印证了这一点。当他开口说话时，你会发觉他有发号施令的习惯。而当他不说话时，他也不会安静，而是搓捻着几张纸或轻敲着他所坐的莫里斯椅①的边缘。

他的故事是这样的：在战争之前，他是个体格健壮的人。那些在人类的能力之内而其他人力所不及的事情，对他来说没有不行的。他每天工作到夜里12点，出去散步一小时，然后一觉睡到早晨7点，开始准备另一天的工作。这种生活持续了几年，但是战争给他带来了额外的负担，如他所说，他开始注意那些过度的负担，这些负担如果加在他人的头上，会把许多人累死。他开始觉得似乎更喜欢早晨在床上多赖一小时。他开始在躺下约一个小时后还睡不着觉，而且注意到他的消化活动，对此他后来总是乐于不去注意它。

战争结束之后，事情持续了一段时间。直到一天晚上，他在睡觉之前进行了一场激烈的争吵，这使他非常清醒，无法入睡。第二天晚上，他躺下大约半个小时之后，忽然一个可怕的念头闪进脑海。

“假如我今晚睡不着，那真是太可怕了，因为明天还有那么重要的事情。”

这天晚上，直到3点左右他才睡着。

第三天，事情更加糟糕。一整天他都在对自己说，他感到可悲，并想他将

①莫里斯椅，一种斜度可调节、坐椅可移动的靠背椅子。设计者为英国画家、家具设计师、诗人及社会主义作家威廉·莫里斯（1834—1896）。——译者注

再也不能睡着了。当夜晚临近时，一个似乎无中生有的阴影可怕地笼罩着他。经过一夜的折腾之后，他生气地躺在床上，热切地期盼着哪怕是一丝一毫的睡意，同时痛苦地静听着邻居家时钟的敲钟声。每一个小时，钟都要敲几下，他越来越愤怒，最后爬起来，穿上衣服，出去在小镇中溜达了一个小时。回来后重又躺下，断断续续地睡了一会儿之后，凌晨的哨音就响起来了。

第四天他去看医生，医生送他去了佛罗里达州，在那里，他发觉情况稍有好转，但并没有收到预期的效果。三个星期之后，他回来了，又开始了工作，并发现他的睡眠还和以前一样糟糕。他知道，对他来说，要彻底治愈需要一年或一年以上的休息，而且他的医生也不断地建议他放弃一切事务去欧洲疗养。然而，这位银行家觉得，在这样关键的时刻，如果离开，对他的公司和公司职员都是不公平的。

这是幅压抑的画面。两个月来，这个高效率的天才商人，每天生活在随着日光的消逝逐渐积聚起来的恐惧的阴影中。早上，情况还算令人满意，但随着白天过去，内心慢慢地被那种隐秘的对夜晚的恐惧所吞噬。晚上，他紧张地躺在床上，听到的钟声就像断头台上的撞击声。有三个星期，从每天晚上10点到第二天太阳升起来，每个小时的钟鸣声他都能听到。然而不管这一切如何，在本州其他的银行都面临赤字，他所在城市的金融机构也日益衰落的年度，他却仍使其银行运转了下去。

直到这时他的医生才建议说，他的病情不像身体上的疾病，而更像一种心理疾病，因此从心理学家那里寻求帮助或许更有益。

显而易见，正如他的医生所指出的，他从未得到放松。他面部的线条艰涩，他的双眉之间有一道深深的皱纹，他的双手在做完一定的手势之后仍僵在那里，双拳紧握。因而，首先要做的是向他表明这一切，并向他说明他是怎样在用无用的肌肉紧张来耗费有价值的力量。他被安排坐在一张莫里斯椅里，并告诉他尽可能地令自己舒适，努力放松肌肉。然后把他的一只手抬起来，并向他表明他是怎样地不能令其胳膊上的肌肉放松，因为当支持物移走时他应让胳膊放下来，而他的胳膊却仍悬在半空中。

这时要训练他把两只手和两只胳膊抬起来，放下去，并细心留意落下的上肢。然后让这个疲倦的人尽可能舒服地靠在椅子背上，并让他以放松胳膊的方式放松全身。接着向他说下面的暗示语：

“现在我请你做深呼吸，用鼻子吸进去，用嘴呼出来。使它听起来好像你是舞台上的一个演员，当幕布拉开，演员正试图向观众表明，他刚刚成功地渡过了危机。使它听起来好似世界上的一切负担刚刚从你的肩上卸去，好像你现在正十分高兴，并打算把快乐保持到永远。”

在产生舒适的迹象之前，几乎总要努力两三次。特别值得注意的是，即使要使它听起来像呼吸新鲜空气一样，也是非常困难的。几乎每个像这种神经紧张的人，呼起气来就像吹一个肺活量检测器。在第一次坐上莫里斯椅子时，实际上几乎很少有人能被成功地诱导出真正放松的迹象。

“现在像放松双臂那样令双肩放松。想象着它们已放松，然后把它们忘掉，让胸部和腹部的肌肉放松。让双腿放松，感觉它们正从胯部松松地、软软地垂下来。感觉椅子和地板正托着它们，感觉双腿压在椅子和地板上的压力。现在令双臂放松，并感觉莫里斯椅正支撑着它，感觉它们松软地从双肩垂下。放松背部的大肌肉，在日常工作中它被使用得非常频繁，而且正是它使脊柱挺直。放松咽喉和脖子，面部和前额，尤其是双眉之间的皱纹，让它完全放松。现在让下颌肌肉放松，不要让上下牙齿相碰。全身放松。”

我希望让读者进入这样一个场景，在那里他可能看到这个简单过程的神奇效果。那个人安静、舒适地躺在椅子里，看上去睡得很沉，甚至像死了一般。他的双眼闭着，他的脸上有一种祥和、平静的表情，这种表情已消失了数个星期了。他的双肩陷进椅子垫中，好像没有东西支撑着它们。他平静地呼吸，好像烦恼一扫而光。脸上的皱纹似乎忽然被熨平了，常人具有的疲倦的表情取代了那种紧张和僵硬的神色，犹如超人在发挥过人类的力量之后所具有的表情。

几个月来他第一次得到了休息。

有时说出这些变化是有益的。因而我说：

“现在是你几个月来第一次休息。你的脸上有一种好久不见的平和的表情。你的呼吸更均匀，而且我能看出你的心跳舒缓，不再那么激动。现在你就像一个幼儿一样在休息。”

现在，我有时让他重复身体各个部分的动作，以确保它们均得到了彻底的放松。于是我说：

“现在我要重复身体各个部分的动作，而且，我希望你再次想象着让它们放松。让你的胳膊、肩膀、胸、腹放松，然后是你的腿和背部，你的咽喉和颈部，你的面部和前额及下巴都放松。不要让牙齿相碰。体会椅子好像正把你托起来，陷进去，完全放松四肢……现在休息，尽可能长一些，感觉那是一次躺在那儿的睡眠休息。”

他躺在那儿，看上去就像盗火的普罗米修斯[①]，因其胆大妄为而被宙斯折磨了几万年，现在在半小时内暂时缓解了极度的痛苦。它更像一幅长期劳作之后的安静的图画，没有什么比它更加静谧而深沉……

10分钟后他睁开了双眼，看看他的四周。我让他回家，晚上按往常的时间上床睡觉，两天之后再来。

第二次他来了，看上去傻乎乎的。

“你感觉怎么样？”

“我想好一点儿了。”

“你睡得怎样？”

“第一天晚上很好，但第二天晚上不怎么好。”

“为什么？”

“我去了纽约，直到凌晨3点才去睡觉。而第二天8点我还有一个会议，于是我不得不7点钟就起床了。”

但是在床上的四个小时中，他竟睡了三个半小时！而且这是在辛苦工作了一天，直到凌晨3点之后！这就是那个三个星期以来每夜都听到钟鸣声的人！而

① 普罗米修斯（Prometheus），古希腊神话中的人物。相传因盗取天火给人类，触怒主神宙斯，被锁在高加索山崖上，并让神鹰每天早晨飞来啄食他的肝脏。可是一到夜晚，他的肝脏又重新长好。他所受的折磨持续了几万年。——译者注

且他感到这最后两天比几个月还要好。但是，他还有些犹疑。我认识到了这一点，因为我早已想到了。

在内心里，他并不相信他的进步是由于这次治疗。他认为进步是由于天气的变化，由于他细心的饮食调理，或者因为他去了纽约。他并不相信，像坐椅子这么简单的事情就能把他的病治好。

简直不可思议！但是许多其他简单的事物也是如此。

他之所以回来，原因是他告诉自己，毕竟，只来一次且毫无报酬地耽搁我的时间是不公平的。但是，几乎毫无例外，他们都还是回来了。

在讨论过他的症状之后，我接着要求，他要按我的指令再次放松自己。他带着忍耐的微笑照办了。

这次我使事情更彻底。因此，在同样的指令下，他令身体的肌肉放松。当我看到他似乎以这种方式相当放松之后，我告诉他："现在想象椅子正把你向上托起来，你能感觉到椅子在你背部和四肢的压力，你能感觉到地板在你脚上的压力。让椅子把你托起来，并想象地板也在支撑、压迫着椅子。墙壁撑起了地板，而地球则把墙壁撑了起来。地球是一个大宇宙的一部分，而我想让你想一想，你自身从地球上漂浮而去，漂向众星。这些星星在你我出生之前已闪耀了百万年，而在我们死后的百万年间，它们仍将闪烁。因而，如果以你作为其中一分子的大宇宙观来衡量它们的话，我们所有的烦恼都将毫无意义。

"现在休息，放松，躺在那里，直到你觉得休息够了。"

10分钟后他睁开了眼睛，而后我送他回家上床，并嘱咐他放松地睡一夜，如果需要白天也可以睡。

他下次来时不再带有轻视。每个人，包括他的妻子都一直在说他看上去好多了。他开始显得年轻了，脚步也更矫捷有力。逐渐地，他得到了放松。一个月之后，他看上去如此良好，以至于他希望每个人都来做同样的治疗！他真正痊愈了！

如果读者能够看到学会放松之后的银行家，你会不相信那是同一个人。无论在气色、姿势还是声音上，他都判若两人。以前失眠，而现在却每晚睡8个小时，即使如此，早晨还不想起床。他以截然不同的方式投入工作。以前那种疯狂的、风风火火的工作方式使他神经质，而现在却运用流畅的、自由的工作方式，它带来无数富有权威的思想。当然，这后一种效果的取得主要取决于他健壮的体格和不同寻常的心理力量，如果没有这种先天的优势，再多的放松训练也无济于事。但在此之前，他错误地使用他先天的能源，浪费它们，就像上节中所说的挥霍者一样把它们扔掉。现在，通过坚持不懈的放松练习，在日常生活中，他开始节约他的神经能源。他慢慢地养精蓄锐，以便在出现偶发事件时，借此作出超常的努力。他是一个生理上的资本家，使用着他的身体和心理资源，无论用于何处，却不会为无关紧要的事浪费它们。他的能量都被投入到了生存的事业，而不用于因踌躇不决和不必要的紧张而导致的无意义的额外开支。

“我们用肌肉思考。”詹姆斯说。身体上的过度紧张几乎总是引起多多少少有些严重的心理疾病。很难说哪一个先引起哪一个，但最终它们共同构成一个恶性循环。通过这种放松的方法可以打破这种恶性循环，无论对身体还是对心理状态都非常有益。

在本书中，我们讲到了心理放松的可能性必须依赖于肌肉的放松，但这个观点并不新颖。许多年前心理学家已懂得了这一点，至于放松的其他效果，我们将在下面各节中一一道来。

第三节　害怕树的男子

正如上节所言，关于放松状态还有一件奇异的事情，即在这种状态下说过或想过的事情特别容易记住。如果我以通常的方法叮嘱一个人吃药，他忘记的可能性很大，然而，如果在他放松的状态下告诉他同一件事，几乎可以肯定他会记住。

当然不只是服药这种事情，其他任何形式的命令，在一个人完全放松时都更容易记住。就好像因为四肢肌肉的放松，大量的重复性刺激被剔除出去，因此，剩下的那些刺激似乎更有效，恰似一个商人，当他的竞争对手减少时，他更易成功。换言之，当我们处于放松状态时，值得注意的对象就会少些。

以流行的术语来说，像我们已描述过的，一个处于放松状态的人更易接受暗示。因而这一事实可被用于，而且常常被用于治疗更为复杂的心理性疾病。

以一个年轻人为例，他非常神经质，并形成了咬自己下嘴唇的习惯。当他来到我的办公室时，他已经把嘴唇咬了“一个深坑”，用他自己的话来说，这个地方让他相当痛苦。当问他为什么这样做时，他说他不知道，但是他“只是发现自己在咬”。到现在他咬嘴唇的习惯已有三个星期，他觉得自己简直无法阻止这一习惯。

现在可以说，放松方法所运用的整个原理就是学会获得某种结果而无需通常的努力。正如沃切斯特博士所观察的，它是“抵制不陷入罪恶”的方法。一个人越用通常的努力方式来摆脱这类习惯，反而越使习惯牢固。库埃成功地指出了这一原则。那些真诚而无效的劝诫者们，一直喋喋不休地告诫那个年轻人要“做一个有修养的人，把这习惯去掉。只要下决心，你就能摆脱它”，却从未直面那一个相同的困难。在大多数的病例中，告诫一个神经质的人“去掉”坏习惯，不管这个习惯是咬指甲还是咬嘴唇，还是脸红或其他什么习惯，都只是纯粹地加重病情。

当这种人来寻求帮助时，首先需要详细讨论他的病情。他为什么咬嘴唇？他不知道。当他咬嘴唇时，有什么东西闪入脑海吗？他认为没有。

尽管可以非常肯定，许多来访者的病情必定是有意义的，但在这一病例中，习惯似乎没有意义。

“我越想不去咬，却越咬得厉害。”

“那就不要费劲了。如果你想咬嘴唇，就尽管去咬，只要想咬就咬，毕竟，这对你没什么伤害。当你好起来时就会丢掉这一习惯，现在忘掉它吧。”

以这种方式讨论过病情之后，我们开始放松训练。进行的程序是一样的。当年轻人彻底放松后，他静静地闭着眼睛躺在那里，呼吸均匀，此时我对他说：

“你一直在咬你的嘴唇。从今晚开始，你将发现，咬嘴唇的欲望失去了它的魔力，不久，你会完全失去这一欲望。”

然后送他回家，上床休息。

后来，在那一周内我一直期待着他回来，并在约定的时间在办公室里等他。他始终没来。对此我非常恼火，并发誓，当他再来时，当然如果他还来的话，我将对他说，我无法忍受他。

后来在街上遇到他，我问起他的情况，并提醒他曾失约。他连连道歉，原来他忘记了约会。

“咬嘴唇的情况怎么样了？”

“不再咬了。”

三个月之后，我与他另有一次简短的交谈。直到那时他从未再咬过嘴唇，他被治愈了。

但并非所有的病例都这么幸运，因为这只是一个特例，所有这类习惯不会都这么快地消失。一般来说，至少需要一个月才能见效。但不管怎样，到我这儿来的大部分病例，他们的不良习惯最终都消失了，绝没有令习惯加剧的失败现象。

与此相同的一类疾病——变态恐惧，也可用同样的方法治愈。变态恐惧有各种各样你所能想象得到的形式，从害怕老鼠到害怕打雷，从害怕孤独到惧怕穿过繁忙的街道。发生的强度各异，从轻微的焦虑情绪到可怕的令人揪心的梦魇。让我引用一个年轻人的叙述，他是一个严重的恐惧症患者。

“我正在攻读博士学位。研究工作从9月份开始，直到圣诞节，一切都正常。圣诞节之后，我开始感到精力不济，稍微有一点儿噪音，就会消化不良，并失眠。我去看医生，他告诉我要休息，那意味着我要离开三个月，但在那时是不可能的。之后，失眠开始加重，一天晚上，当我看完书之后，恐惧产生了，那种恐惧真是无可名状，那种感觉就好像一个人忽然被人捏住脖子扔进了地狱。地狱张着血盆大口，上万个恶魔从黑血中滚了出来，将我淹没。我吓得喘不过气，呆立在那儿。当时，就像世上所有的恶魔都集中到这一恐怖的景象中。忽然地狱消失，幽灵都消失得无影无踪，我恐惧、无助地呆立在那儿，筋疲力尽。

“第一次出现恐惧是在我考试时。无缘无故地，一个观念钻进我的脑海，即这次我会通不过。于是我得加倍努力才能过关，这反而使恐惧来得更频繁。恐惧通常在晚上出现，大约每周一次。我知道，那个夜晚我通常都休息不好。”

这个年轻人的医生把他送到一位心理学家那里，在心理学家的治疗下，他开始好转。

“不久之后，我开始注意到恐惧的打击不再那么频繁，也不那么强烈了。我能够沉着地应付考试了，但是，现在我开始察觉到另一件奇怪的事情。以前，恐惧只是与考试有关，现在，它似乎无处不在。例如，一天晚上，我拜访过一位大学教授，当我正要离开大门时，恐惧忽然以一种不那么丑陋、也不太具有毁灭性的形式向我袭来。除了这位教授——他属于另一所大学——的职业和我的研究间的联系之外，我不明白还会有其他什么原因。

“另一次，傍晚的时候我正沿着河岸散步，我静静地站在那儿，观察着一棵树被夕阳勾勒出的轮廓。突然，树的周围出现了一圈可怕的光晕，但仅仅是一个老怪物的影子。我还能站在那儿看着它，且能嘲讽它。我想，‘你对我已失去威力了。不久我会完全摆脱你。’”

那位心理学家对这位年轻人实施的治疗与我在前述病例中的治疗步骤是一样的。首先谈论病情，然后带来彻底的放松状态。在这期间，进行暗示，恐惧将逐渐丧失其威力，慢慢地减少活力，最终完全消失。

三个月之后，他从容镇定地参加了考试。由于这位学生的用功，各门课程都顺利通过。自上述事情发生至今，已有几年过去了，他再没产生过恐惧。

当然，这些都是变态的和不正常的病例。但是，在那些有神经质倾向的人中间，某些中等程度的恐惧是屡见不鲜的。有时是某人害怕雷暴雨，至少是害怕误以为雷声的隆隆声，所以他的整个屋子不得不特别布置以预防可能出现的雷雨。有时则是作公开演讲的人忽然害怕起自己的听众。有时又是大学生发现自己穿过大学校园时，总是陷入恶魔侵袭的恐惧中。或者是一个运动员，一个特别优秀的跳水运动员，突然害怕起水来，于是扭过头去，致使跳水动作拙劣无比。一个风琴手也可能会哀叹，因为每当他演奏风琴时，总发现自己操作不当。一个演员也可能忽然被恐惧症所震慑。还有很普遍的情况是，一个商人可能会肯定自己的生意将遇上麻烦。

所有这些都是在错误的刺激下引发情绪的例证，它们也是目前为止我所知道的用放松方法能彻底治愈的病例。这些病例中，有些缘于更严重的疾病，而这种可能性必须由一位医生的专业检查加以排除，在这些事情上，医生是专家。实际上，正如他们所说，不能过于强调这些恐惧或恐怖症是严重的心理疾病的象征。因为他们中的许多人属于正常人。而且，这类恐惧最初是偶然发生的，而非症状，我已看到，用放松的方法能彻底将之消除。

第四节　放松的魔法

任何一个属于轻微神经质、相当易怒或紧张类型的人，都可用同样的方法完全转变自己的世界观，并极大地增强自身及与之生活在一起的那些人的幸福感。以同样的手段，可以直接排除微小的性格缺陷，羞怯通常可以克服，不良的情绪也可消失。

让我介绍一个实验。如读者希望第二天是特别愉快（或与此相反的不愉快）的一天，那么就让他坐在一张莫里斯椅上，并运用前面两节提及的方法，做四至五次深呼吸，把气呼出去，那种感觉就好像未来的每件事都是成功的，一切烦恼都会被吹跑。现在，像前面描述的那样，放松肌肉，或静止不动，让某人重复指令。放松肩、胸和腹部的肌肉，放松腿、下巴的肌肉。让全身放松；体验椅子把身体托了起来，体验胳膊从肩部松松地垂了下来。然后尽力想象，椅子举起了身体，地板托起了椅子，墙壁支撑着地板，地球支撑着墙壁。

当一种轻微的心理沉重感产生之后——它通常会在这个阶段产生——这时就可以做出暗示了。因此，某人可以对自己说：“我将发现明天我会感觉很快乐。”这样尽可能迅速地且充满自信地重复8到10次，随后就会产生真实的结果。如果是失眠症或早晨醒得太早，则可以对自己重复说：“我将发现我的睡眠改善了，明天早晨我不会那么快醒来，而是在早上那么想睡，以至于醒不过来。”

除了特殊情况之外，伴随着这样一种带有愉快情绪的事物，结果几乎总是随之而来。对于轻微的失眠症，两三天就能见效，严重病例则需更长的时间。

以这种方式，可以治愈的形形色色的病例真是多得吓人。如有一个学校教师的例子，他发现自己的课正在损伤他的神经。假若除了纯粹的神经症状之外再无别的毛病，这种状况就能得到改善。如果一个教师一直认真而仔细地备课，如果他了解自己的教学对象，且没有什么特殊情况的话，他完全可以用这种方式提高自己在课堂上的信心。让他使自己处于前面已描述过的放松状态，然后让他对自己重复这类程序：

“明天我会发现，当我出现在课堂上时并不紧张不安。我将带着令学生们吃惊的活力和能量进行授课。”如果这样尽可能快地重复几遍，那么，几天之后他会让学生惊奇不已。这对公开演讲者同样有效。如果是轻微的怯场，可以很好地治愈。

同样的方法可用于产生某种几乎令人难以置信的结果，而对此详加描绘则不免带有夸张的意味。因此，如果演讲者感到自己在说些“陈词滥调”，他可以暗示自己，他的演讲将非常生动有趣，他将发现自己讲得异常精彩，等等。这种结果似乎特别容易取得。

这一方法的另一奇异用途见于不幸的婚姻案例中。两个人结婚后幸福地生活了四五年。然后随着孩子的出世和其他事情的出现，麻烦渐增，妻子发现她自己再也不能像从前那样爱自己的丈夫，辉煌似乎已远离生活。

或许是妻子辛勤劳作，而同时又出现了其他更加吸引男人的女人，丈夫逐渐发现自己违背了自己的意志，开始移情别恋，步入危机。

当然有些人会立即说：“让他自己振作起来吧。一个男人背叛自己的妻子没有什么。”但是，所谓的爱情是如此多变，以至于世界上最优秀的人也常常发现自己难以驾驭它。

在这类事例中，我的建议通常是这样的。让沉沦的一方首先在他（一般情况下似乎总是男人）自己的面前展示妻子的美德。让他告诉自己，他与妻子结婚是因为他是如此这般这般，而他的妻子是如此那般那般。让他在意识中衡量整个情形。然后让他回顾过去美好的时光，那时，世界充满鸟语花香，阳光格外明媚，并回忆他是如何爱自己的妻子的。

然后和前面描述的那样，让他放松全身的肌肉，并对自己这样说：

“我将发现，随着时光飞逝，我更加热爱我的妻子。我将从过去寻回对她旧有的感情。同时，我会越来越对某某某无所谓。”不管她是谁。

在大多数情况下，不用太久，这个幸福的人就会听到这样的话语：

“***近来***你对我***一直***很好！”

当然，这并不意味着罗密欧—朱丽叶式的爱情已经如此稀少，而是完全可以保证，罗密欧对朱丽叶的爱情能够被彻底消除。

我们并不都是罗密欧，在婚姻的殿堂里也并不都是朱丽叶。

我听说过这样一件事，它的发生与上面所描述的病例完全吻合。妻子和丈夫幸福地生活了10年。然后，丈夫爱上了两人的一个密友，而且这个人是他在工作中不得不经常接触的。这三个人都具有很高的修养。妻子尽管仍然爱着丈夫，但还是决定不妨碍丈夫的幸福。

似乎三个人都无法逃避地陷入了灾难的边缘。

幸运的是，他们恰好找到了一个人，也能使用正确的方法来治疗这种道德性的病症。六个月之后，丈夫和妻子又和好如初，亲密无间，而且后来我听说他们安排了一个约会，三个人一起去剧院看戏。

在许多情况下，背叛婚姻是一种疾病，在将来它将以治疗疾病的方法得到治疗。

第12章

病态心理以及我们对它的认识

心理学的难题不在于变态，而在于常态，不在于自然本性有时会失去其特征，而在于它完全去迎合其特征。我们人格的难题不在于这些变化有时发生，而在于能否保持统一的、整体的和健康的整合心理。

第一节　自我暗示

英格兰南部一个村庄的居民总是向参观者炫耀一个地下洞穴，它长15英尺、深4英尺。他们告诉参观者："那是巨人的脚印。瞧他脚后跟的痕迹，还有他脚趾的印迹！他就是生活在远古时代的不列颠人。"

持有怀疑心态的参观者也许会反对。

"不可能！怎么会有那么大的巨人呢？他可能是有30码高的什么东西。"

答曰："怎么不可能呢？*这正是他的脚印*。"

在科学上，记住下面的话是至关重要的：我们通常可能接受某个人的事实，但在许多情况下，我们必须保留不同于他对这些事实的解释的权利。同样地，在病态心理即所谓的心理病理学研究中，我们通常可能接受以这种或那种方法所产生的治疗效果的事实。但我们总要保留拒绝在治疗基础上所建立的任何心理学理论的权利。且将这一反思作为本章的引言。

例如，当我们听说自我暗示具有惊人的治疗效果时，我们就可以毫不犹豫地承认这种治疗所产生的效果。在任何情况下，这种治疗效果都是由医生决定的。事实上，我们知道，大多数令人惊诧的事情都是通过这种方法完成的。疣子就曾通过暗示而去掉，水疱可以通过把冰块想象为红烙铁而产生。在一个真实的例子中，当一个橱窗落下，并正好偏离了她儿子的头时，这位母亲的脖子上就会立即出现紫红色的伤痕。在《金枝》[①]这本令人叫绝的书中，涉及到原始人害怕接触到他们首领的身体或衣服，因为这些是*禁忌*。他们认为谁接触了，谁就会死去。有一天，一个人在路旁发现了一顶斗篷，并把它带回家中。当人们告诉他这顶斗篷属于首领的时候，他恐惧万分。

这个人第二天就一命呜呼了！

这些都是暗示或自我暗示的例子。现在让我们来看看本节下文的一些内容。今天使用得十分普遍的自我暗示和暗示概念，正是上述例子的同类现象。在这两个例子中，刺激产生反应，这种反应通常被体内的各种抵抗所阻止。对于一个易受暗示的人，当别人向他喊价时，他就会掏口袋。我们大多数人都会抵抗这种观念。如果我们被告知，我们看起来像生病了，我们通常都会抵抗这种暗示。在上述原始人的例子中，暗示性很强，竟导致了死亡，这种情况是可能发生的。一般地说，在所谓的高级过程（与所谓的意识相联系）与发生于体内外的几乎所有的变化和过程（如肝、肾的活动，指甲的生长，疤痕的愈合）之间，似乎存在着一道屏障。但在极少数情况下，这道屏障似乎被打破了，刺激就能够通过大脑皮层的作用，影响到它们通常不能接近的地方。

因此，我们具有“暗示的奇迹”。

就像大多数其他事物一样，通过检查，暗示的本质就会一目了然。设想

① 《金枝》是英国著名人类学家詹姆斯·乔治·弗雷泽（1854—1941）于1890年发表的一部人类学巨著。该书被认为是关于原始信仰和原始风俗的百科全书。——译者注

一下，一个人的某一天缺少这种稳定的抵抗。一位朋友说："这天看起来像要下雨。"这个没有抵抗暗示能力的人马上就会去找他的雨伞。另一个人说这是一个昏昏欲睡的早晨，他马上就呼呼大睡起来。他的雇主告诉他，他一周检查的指标比平时多一倍，他立即认为的确如此。当他走进一间黑暗的房间时，他真的一直有碰着腿胫的疼痛！他的朋友开玩笑地告诉他，他脸上画有一面星条旗，或者是心脏跳得比平时快一倍，他都会马上感觉到的确如此，因为他没有任何抵抗暗示的力量。

那些希望了解这一切会导致什么结果的人，应该读一读萧伯纳的剧本《回到马修斯拉的时代》的最后部分。在这幕剧中，那些生活在未来许多世纪的"古人"，想象有两个头、多个胳臂或奇特的体形。通过采取这种想法，他们能够随心所欲地增加或减少他们身长的一腕尺。

然而，无限制的暗示性不可能是十分称心如意的事情，因为其中有些会迫使我们去相信。

关于暗示的一般通则，其他书要比本书阐述得清楚得多。但在此需要强调的是，睡眠时间是最有暗示效果的时间，因为在此时，许多觉醒时的抑制都消失了。除儿童以外，睡眠时的暗示效果往往更好，但是不叫醒一个正睡着的人就难以同他进行谈话。这是一个最有实际暗示作用的事实。后来许多人都证明了这一事实，并且通常总是认为这一事实只是最近才被发现的。其实，心理学家已经知道这一事实多年了。

让我们来看看如何应用暗示。

假如我们有一个不愿喝牛奶的孩子。晚上在他上床睡觉之前，我们就去跟他说有关牛奶的事情。

"明天你会有好牛奶的，这种牛奶味道好极了，明天你会喝得更多一些。"这种谈话要变换表达形式重复好几次。第二天，这个孩子也许没有表现出明显的差异。那么同样的话又要在晚上或早晨重复，假如母亲这样做时恰巧碰上孩子醒着。到了第三天，效果就应该出现了。假如没有出现效果，这一方法就要尝试进行至少一周时间。对于健康孩子来说，他的食欲不振极少不会得到很大的改进。

假如这个孩子在上一周没有“好”食欲，并且他又能够理解“好”的意义，那么，在他晚上上床之后，我们就去跟他讲关于一个有好食欲的小孩的故事，使故事中的小孩成为他的榜样。如果这样做了三个晚上，通常结果就会十分明显。

通过对自己重复想牢记的一切，成人也可以做同样的事情。如果在睡着与醒来之间的早晨或晚上，无论男女，任何人都会解决其问题，例如他或她会高兴、感觉良好或者无忧无虑。我们会发现，这种解决方式比在白天做更易奏效。这种效果在前文所述的身体放松状态中也很好。实际上，放松是进行暗示的最好方法之一。

因此，暗示和自我暗示并不是神秘力量，也不是特殊能力。暗示只不过是引起一种通常被体内抵抗所阻止的诱导行为。也就是说，它告诉了我们，可以通过运用一定的策略而非正面的冲击来对付这种抵抗。

最后一点是关于祈祷心理学。我们大多数人都曾看到过，人在正要睡觉和刚刚醒来时处于最易受暗示的状态。现在我们看看一个传递祈祷的聪明传统。它一定是这样的情形：老一代人起床后坐在床上孜孜不倦地、虔诚地说着祈祷语，因而对他们的后天性格产生了很大的影响。一个人在他上床睡觉之前和早晨醒来之后，就这样简单而凭印象地祈祷“我父”，通过这样多次的暗示，就有助于形成其性格中的祈祷成分。一个人经过多年的虔诚祈祷，就有可能改变他的整个生活观。作为一种社会控制的手段，祈祷的力量或许从来就没有被认识到。作为一种提高危机时代的社会道德的工具，祈祷所能发挥的作用是令人惊诧的。从心理学角度来看，可以肯定的是，假如祈祷从1900年就开始了，欧洲的每位居民每天晚上和早晨都虔诚地祈祷和平，那么也许就不会爆发世界大战了。

于是，谁还敢不坚持让自己的孩子祈祷？难道不是祈祷习惯的衰败，才引起了当今许多人认为的他们亲眼目睹的道德的衰败？的确，如果整个世界每晚都在祈祷“我父”，那么这个世界将会比现在更加美好。

第二节　什么是催眠术

在法国大革命前，巴黎最著名的人物之一是弗里德里希·安东尼·梅斯梅尔。他生于1733年，受过医学教育。这位著名的人物令世人惊讶不已，因为他声称用新发现的磁力产生了治疗效果。这种磁力能控制一些人，正确运用它可治愈他们的疾病。他说，这种磁力在许多方面类似于“电流”。它储存在罐子里，从一个病人向另一个病人传递。梅斯梅尔称之为“动物磁性感应”。

当时，梅斯梅尔的主张令人惊诧之处不在于他的理论，因为它不比一些江湖骗子提出的伪科学少多少幻想的成分，而在于其真正的控制作用，而后者似乎真的对病人有效，并且有较高比例的真正疗效。这种令人确信的证据就是，那个时代的学术界几乎都对梅斯梅尔的信念惊诧不已！

进入陌生的治疗场景，一个人发现他自己在一间光线昏暗的大厅里，除了染上浓厚颜色的玻璃窗子以外，几乎是一片黑暗。在大厅中间，放置着一个圆木桶，上面插有一些可移动的铁把柄。病人围绕圆桶依次而坐，手持铁把柄可移动的一端，彼此之间用细绳拴在一起。优美的音乐声不时地打破宁静的氛围，甜美的香味弥漫在空气之中。时而有病人会突然产生痉挛，并赶快由护理员送进一个铺有软垫的房间里。梅斯梅尔这位天才主持者是全能的，他的一个细微的手势所有的人都必须遵守。神秘的磁流就具有这种不可抵抗的作用。

对于一个现代读者来说，梅斯梅尔的名字就暗示了这种神秘力量的来源。这种所谓的“动物磁性感应”就是后来众所周知的催眠术，它最初称为“梅斯梅尔术”。1874年法国杰出科学家委员会作出决定，“梅斯梅尔术”只是“幻想”，而非磁性感应，它产生的痉挛和治疗相似。直到1815年逝世为止，梅斯梅尔接触了巴黎社会各阶层的人物，从乞丐到法国王室成员。甚至听说玛丽·安托瓦内[1]也接受过他的治疗。可见，他的治疗所唤起的好奇心是多么的巨大。

现在让我们来举例说明现代实践者是如何运用梅斯梅尔首先使之闻名于世

---

① 玛丽·安托瓦内（Marie Antointette，1755—1793），法国路易十六的王后。——译者注

的磁力的。这些例子是从摩尔大夫的书中摘录的。

一位20岁的年轻男子坐在椅子上，给他一颗纽扣，并告之必须专心致志地盯着它。在三分钟内，他闭上眼睛，但不能睡着。大夫告诉他，他无法睁开眼睛。尽管他努力睁开，却发现他真的不能。大夫再告诉他，用手敲击膝盖。但事实上他发现，他能十分轻松自如地举起双手，他完全是有意识地完成这些行为的。

在另一个试验中，一位50岁的女子被告知，她不能读出自己的名字，她哑巴了。只有得到允许，她才能说话。另一个男性病人被问及是否睡着时，他竟回答说："是的，睡得很沉。"一块布放在他手中，并告诉他那是一只狗。他醒来时信以为真。后来又告诉他说他在动物园，他竟看见了那些本不存在的树木。

有些病人看见催眠者头上长角，有的病人不能看见房间中的人，还有的病人则看见并不在房间中的人。他们可以看见空白卡片上的脸形，或者看见印有脸形的空白卡片。他们的身体可能进入极端僵直状态，可以在上面做一些令人惊讶的事情而对他们没有明显的伤害。他们可以感觉不到疼痛，或者感觉不到他们的四肢；有时他们还感觉到并不存在的疼痛。可以在他们身上进行一些小型的外科手术，只要催眠者暗示说将不会疼痛。

梅斯梅尔认为他发现了一种普遍的磁力，这并不为怪，因为这种奇特现象的作用力的极限似乎不存在。

对一种有着多种形式的磁力自然会有多种解释。法国的伟大实验者夏尔科[①]，害怕通过使用铜锣和其他类似的东西使人进入催眠状态，他认为这样做是由于人为地诱导类似于癔症的共同性质的神经状态。一个人处于催眠状态看起来真的十分像患有某种心理疾病。夏尔科的最大反对者是南锡医学派的教授们，他们与夏尔科相反，主张催眠状态完全是一种正常状态，是由一种超乎寻常的暗示产生的。如果是这样的话，那么催眠状态下的睡眠就是一种暗示的睡眠，而不是一种新发现的状态。许多现代心理学家都同意南锡学派伯恩海姆[②]的

① 夏尔科（J. M. Charcot，1825—1893），法国神经症学家和催眠专家。——译者注

② 伯恩海姆（H. Bernheim，1840—1919），法国神经症学家和催眠专家。——译者注

观点，认为催眠是逐渐增加暗示的结果。给予这种解释的理由是，通过一种方法或另一种方法使注意范围变小，就像变成一种小聚光灯一样。那些聚光灯能聚焦的事物当然就显得更加清晰，更具有竞争力。这个过程类似于前文所描述的过程，即放松了身体的外部肌肉所引起的紧张感觉时，我们就能让一个人达到某种昏昏欲睡的状态，与此同时也具有很强的暗示性。实际上，前文所描述的放松状态，只是一种十分轻微的睡眠形式。正因为是如此的轻微，所以它可能类似于我们晚上每个人上床睡觉时的正常状态。时至今日，催眠似乎还是那么的不寻常或神秘！

回到梅斯梅尔那里，就容易看到，他所设置的环境大多数正是最容易进行催眠的状态。安静、神秘的氛围，有意地把注意力较长时间地集中于某一事物，这些都是现代实践者熟知的一种有助于产生催眠效果的环境。

在总结中，还有必要谈几句关于催眠在医学上的运用。尽管这完全是学术界朋友的观点，但我相信，催眠对有经验的人来说，完全是一种安全的治疗方法。砒霜是一种毒药，对于没有经验的人来说，它就是一种杀手，但对于训练有素的外科大夫来说，它是一种十分有用的药物。同样，催眠术对于熟练的人来说，就是一种十分有用的治疗手段。那些从事催眠实践的人都坚决主张催眠能达到其他方法所不能达到的效果。例如，在分裂型人格病例中，催眠就是有用的方法。在某些其他神经系统障碍病例中，它也具有十分显著的作用。况且，只要正确地运用催眠，它不仅能“削弱意志”，而且能够减弱生理系统。误用催眠术和士的宁[①]，都同样有害处，如果正确运用，都有好处，它们作为治疗方法都有其合法的地位。

而且，一个人能够被催眠，并不意味着他就是一个“意志薄弱”的人。催眠的基本要求，就是要得到病人的同意，至少在前几次是应该这样的。实际上，这正是说明了意志薄弱的人不能被催眠。您无法催眠一个疯子。

最后还须申明，凭借催眠的手段也不可能诱发他人去犯罪。许多实验者

① 士的宁又称马钱子，具有使中枢神经兴奋的作用。用做抑制或镇静药物中毒的解毒剂。——译者注

都尝试过，但都得到了同样的结果。凡是在道德上令病人厌恶的暗示都不能达到效果。无论暗示有多强，给被催眠者一把真匕首，他是不会用它来犯罪杀人的。他不会真的将毒药放在一个人喝水的杯子里。尽管从催眠师办公室中偷东西很容易，被催眠者是不会真的去干这偷鸡摸狗的事情的。这真令那些消遣杂志的特写作家们大失所望啊。

第三节 同一躯体中的两个人格

一天，一位年轻的女士来到波士顿著名的专家墨顿·普林斯大夫①的办公室。她患有严重的神经疾病。这位女士面色苍白，看起来就像神经病症状。她还伴有众所周知的癔症的奇异症状。她不能睡觉，健康状况极差。

为了减轻她的一些痛苦，普林斯大夫借助于催眠术，但这却使她产生了奇妙的效果，这种效果在其他病例中鲜有类似的情况，着实令人大吃一惊。在大多数病例中，病人从催眠治疗中醒来，还像催眠之前一样，但在这个病例中，催眠似乎完全改变了病人的性格。她本来是一位文静、矜持的女人，一位能承受无限痛苦、有理想、有抱负的规矩人，却变成了轻佻、粗俗、时髦的好似刚从流行杂志封面上走下来的年轻女郎。

坐在普林斯大夫面前的是同一个躯体，但看起来却具有完全不同的人格。

同一躯体内的两种人格不仅在活泼性和面部表情上不同，而且实际上的差异是方方面面的，完全犹如两个不同的人类个体。与第一种人格相比，第二种人格显得不太理智和成熟，却显得更加健康。她②有一种冷漠、不体恤他人的性格。她喜欢不同的书和不同的人。

第一位B小姐（我们姑且这样称呼她）上过大学。但这位新B小姐却缺少教

① 普林斯（Morton Prince，1854—1929），美国精神病学家。——译者注

② 请读者注意，此处的“她”以及下文中不断提到的“她”及“B”小姐并非指不同的人，而是指这一位女士的不同人格变化。——译者注

育，她不能阅读法文。这一事实后来变得十分有用，因为当普林斯大夫要想确信这个病人身上的其他人格是否不可理解时，他就用法语跟她谈话！

虽然这些是足够奇怪的事情，但还是发生了更多的事情。过了一段时间之后，又有另一个人格在同样的身体上表现出来，然后还有其他的人格表现出来，直到最后普林斯大夫说，出现在B小姐身体上的人格构成了一个“家庭”。来到办公室时，她是一位规矩、矜持的女士。但经过催眠之后就变成一位淘气、调皮的小姐，正如她自称为“萨莉”①，大夫则称她为性急的、难对付的B小姐。

尽管会有第六种或第七种人格出现，但她们都是有明显区别的。而且，她们还共享一些相同的记忆，她们都共用同一个身躯。

普林斯大夫在其《分裂人格》一书中所描述的这种极端事件状态远比我在这里描述的要多。这本书读起来就像小说，甚至比大多数小说还有趣得多。书中描述了一些令人吃惊的荒谬故事。例如，萨莉承认她恨B小姐，所以只要有可能就去惹恼她。B小姐会发现自己口中有雪茄味，她知道萨莉“迷恋”抽烟。当萨莉要控制共同的身体时，B小姐就暂时离开一天或一周。因此，B小姐经常发现她的处境令她十分苦恼。有一位绅士，萨莉喜欢他，但B小姐却不喜欢他。萨莉写信给他并要去看他，但B小姐醒来之后却发现这样做令她懊恼不已。萨莉有时独占戏剧表演、圣诞晚宴等，并欺骗B小姐。例如，B小姐上午曾在圣诞教堂服务，过了一会儿之后，她却说，唱歌队又在不同的地方，所以这使她十分奇怪。离开教堂，她发现这不是圣诞节当天而是圣诞节之后的那天。从唱圣歌开始，至整整24个小时之后的圣歌演唱，她失去了一整天，萨莉欺骗了她的圣诞晚宴！

过了一段时间之后，在各个家庭成员之间出现了战争。一个给另一个写侮辱性的信，另一个也以牙还牙。一个人要掌管家庭的钱财，只给其他人每天5%的津贴。如果一个人洗过澡，而又碰巧人格立即发生了转变，那么就必须重新洗澡。《分裂人格》一书的确是一本心理学的《天方夜谭》。每件事情（包括

① 英文中“sally”本身就具有“俏皮话”、“妙语”的意思。——译者注

显然是不可能的事情）看起来都会发生。

当“第二种人格”达到顶点时，萨莉实际上在写她的传记了！此后，看起来就没有什么能再让我们惊奇的了。一个女性人格分裂成两个人。三四或五个人出现在同一个身体上，彼此之间相互烦扰，每个都想控制共同的身体。最后，分裂的诸多人格又重新联合成一个人格，因为普林斯大夫最终完成了治疗，但在此之前，并没有一个灵魂、一个精神从这位女士的意识中复活，一个在写她的自传，另一个则付出了最大的牺牲同意失去共同的利益。

这是如何发生的？难道我们又回到了恶魔般的黑暗年代吗？

前文的阐述已经有了暗示。我们在前面的章节中已经看到，在生命的初始，我们每个人都还不是真正完全意义上的人。感觉来自身体的所有部分，神经信息“意味着”饥饿，也就是意味着外部物体接近眼睛或者意味着汤匙在杯子中的叮当声。但最初却只有神经信息而没有意义，因为只有借助经验才能赋予意义。婴儿还不是一个人，更确切地说是由大人抱着他，就像特洛伊木马被装满了人[①]。他的经验没有被联合成为整体，当然，尽管他的活动是神经系统的不同部分的联合作用，但有些活动还是把身体作为一个整体。他没有很多经验，他所有的这一切大多数都是因为没有与其他经验进行联结和联合。

但是，过了一段时间之后，我们就会看到孩子开始把自己的个人经验与自己的个人活动联合起来。他不光是摇篮中软和的东西了，他会把眼睛转向穿过房间的光线。当有人把东西放在他的手中，他会紧紧攥着。他现在变成了一个人，他能把两种先天具有的活动联合起来。当光线接近他时，他会松开紧握的手。他握紧拳头，把汤匙放在嘴中。他自己过去的经验告诉了他，这种特别的视觉就意味着汤匙满足其吮吸。当然，他并不是“推理”出来的，这种联系是在半意识状态中形成的。经过一段时间，这种联合自身又可以联合起来，他“辨认”出他周围的时空和人。慢慢地，他所有机械的、不联结的经验都开始联合在我们所谓的记忆之中。他的所有活动都带有如下的特征：即它们不再是

① 传说古希腊人攻打特洛伊城时，把精兵埋伏在大木马内，诱使特洛伊人将木马放入城中，夜间伏兵跳出，里应外合，攻下此城。

单块肌肉或者是肌肉组合的动作，而是一个特定的人的肌肉的动作，而这个人有着过去的和未来的目标。

现在让我们引入一个新词语来准确地描述上文所发生的一切。一个人经验的这种相互联合和矫正，就是所谓的“整合”，它是把部分变成整体，把50位音乐表演者组成1个管弦乐队，7位运动员组成1个运动队。这种肌肉活动的整合使身体组成一个肌肉和神经的集合体。经验和行动的整合形成一个人。

请读者设想自己现在作为一个人，会以某种方式行动，做某种事情，感受某种其他的事物。其原因就在于你作为婴儿的这一先天机制，它教会你许多东西，加上你的生理发展所给你的东西，再加上你在不停地与外部世界作斗争过程中所经历的、做过的和感受过的东西。

所有这些东西的产品，整合成为一个整体，混合成比炒蛋更加复杂的东西……那就是你。

你的先天禀赋、个人经验、教育、教养、职业，都通过行动及其相互作用，整合进你的人格，这里人格一词的使用，较之第一节所谓的个体的一般情绪和本能而言，其含义更加宽泛。

假设由于某些偶然的原因，人的经验模式遭到破坏。也许有某种灾难使我忘记了前两年在我的生活中起着重要作用的事情。这样的情况是众所周知的，也的确不是什么极其不寻常的情况。这种情况可能是由于缺乏统一的整体经验，我的经验和反应完整结合的结构开始分裂成两个独立的部分。为什么会发生这种情况是难以回答的，但我们知道这种情况会偶然出现。

在这种情况下，我们有两个人格，他们当中有一个比现实中的人格要弱一些，因为他们每一个都只能利用一部分经验，有时只能利用整个人的一部分先天机制。他们每一个都会记住一些事情，但他们都不会知道并做所有的事情。每一半人格都会是整合的一半，但他们都不能完全地整合。

鸡蛋将会炒匀，但是蛋也将打碎。

我们描述过的奇怪案例和这完全相同。B小姐的整体人格似乎因种种原因突然分裂。经验、本能、情感和能力积累所形成的一位年轻女士突然变成两个、三个或更多的积累。从高贵、正常的女士身上显出了一位规矩人、一位无责任感的儿童以及一位精力旺盛的斗士。儿童分享其他人的天性。如果第一个人格和最后一个人格复合形成一个正常的人，那么就没有什么儿童天性了。用这位女士自己的话说，她是被“挤出了存在”。她去了“她来的那个地方”。

普林斯大夫在他这部名为《分裂人格》的奇书中对这种分裂现象进行了概括和描述。

奇怪的是，这种分裂现象不是经常发生的。为什么我们的行为和人格是如此的一致？为什么这种反常不出现在我们身上，而出现在B小姐身上？本书的每位读者都胸怀大量的性格、大量的惊人变化、大量的不同目的和道德，拥有连最最多变的文学想象也望尘莫及的言语与思维的无尽差异。要凭借什么力量，我们才能恳求这些精灵永驻至深之处？普洛斯彼罗①（即我们每一个人）将这些埃里厄尔②们和这些卡利班③们幽禁在健康心理的囚牢中时所用的咒语是什么？

心理学的难题不在于变态，而在于常态，不在于自然本性有时会失去其特征，而在于它完全去迎合其特征。我们人格的难题不在于这些变化有时发生，而在于能否保持统一的、整体的和健康的整合心理。

“生命，犹如多彩的玻璃穹隆
染花了那永恒的素色的辉煌。”

轻轻一动，则变化无穷，但万变不离其宗。

第四节　什么是潜意识心理：梦具有意义吗

1880年，一位名叫弗洛伊德的奥地利年轻人，正在夏尔科门下为获得医学

---

①普洛斯彼罗（Prospero），莎士比亚戏剧《暴风雨》中的人物。这位被篡了位的米兰大公和女儿米兰达同被流放到一荒岛，后用魔法取胜而复得地位和财产。——译者注

②埃里厄尔（Ariel），莎士比亚戏剧《暴风雨》中的精灵。——译者注

③卡利班（Caliban），莎士比亚戏剧《暴风雨》中丑陋凶残的奴仆。——译者注

学位而学习，夏尔科是一位著名的催眠专家，他正在召集一群人观摩他在巴黎的工作。此事后来使这个年轻人闻名于世。

那时，布罗伊尔大夫①正在治疗一位患有癔症的女孩子。

这位年轻的小姐表现出多种症状，如厌物、视物不清等。除此之外还有特别的症状，即在某个时刻，她失去记忆，不能说话。此刻，她总是重复着某些无意义的语词。

布罗伊尔大夫是一位十分机智的人。他怀疑这些语词可以一定的方式与其病症相联系。为了证明这一点，他对这位年轻小姐进行了催眠，并对她重复陈述这些语词。

随后就发生了令人吃惊的事情，这件事情对整个心理学来说都是一个起点，它导致了一种新的关于生活、艺术、宗教、文学和神经疾病治疗的理论，但它在心理学家之间也导致了最为激烈的争论。

在这个女孩被催眠时，这些明显是随机的音节，却具有了完全确定的意义。但不管怎么说，这种催眠过程似乎接近了在平常不可接近的心理层面。

其时，弗洛伊德作为巴黎的一名年轻学生，已完成了自己的研究。他与布罗伊尔大夫一起工作，不久就产生了一个伟大思想。说实在的，很多人都曾有过这种想法，却从未有人像这位杰出的年轻人那样对之作出了丰富的假设和大量的观察。

如果一位癔症患者在催眠作用下，揭示了他或她迄今还没有意识到的心理过程，那么正如弗洛伊德所说，它就可能是我们一无所知的整个心理领域的全部存在。事实上，有许多事情只有通过这种假设才能解释。

因此，潜意识心理的伟大假设诞生了。潜意识心理控制着我们的思想和行动，仅仅因为它是无意识的，所以我们在过去对它一无所知。考虑到我们人格中的这种新发现的潜伏因素，我们必须修正关于生活、意识、人类动机、思想和行动的整个观念。我们从来都无法给定我们为何做某事的理由，因为我们给定的理由往往只是流于表面，而真正的原因却隐藏在潜意识之中。

---

① 布罗伊尔（J. Breuer，1842—1925），奥地利的精神病学家。——译者注

举个基本的例子，弗洛伊德说的这种潜意识心理可以解释很多貌似无意义的和“糊涂的”行为。例如，我们忘记了一个名字或一次约会，这是因为我们的潜意识心理要我们忘记它。再如，一位教授忘记去参加自己的婚礼，那么，人们可以颇有把握地说他并没有彻底堕入爱河。从未听说过一位如痴如醉的情郎竟会忘记去看自己心爱的姑娘，如果他借口那“完全是他一时的疏忽”，那么姑娘完全有理由与他解除婚约。另一方面，我的一位朋友曾经告诉过我，他买了一枚戒指，打算送给他相识的一位年轻女士，但是当戴上戒指这一“心理”时刻到来之时，他却发现这枚戒指被他丢掉了！弗洛伊德会说，他是不想给她戴上戒指，事实是他不想与这位小姐结婚。

这就将我们导向弗洛伊德强调的另一个原则，即所谓的“心理决定论”原则，此原则可以在此简单介绍如下：正如每个物理事实都具有一种解释一样，每个心理事实也可以追溯其原因，一般说来是在我们没有意识到的那部分心理之中。那些有意识的过程仅仅是些孤立的部分，通过潜意识而彼此相联，就像在岩石裸露的海岸边的岛屿，海面以下是潜意识。

一位患者抱怨自己常常在大街上昏厥，她不知是什么导致她昏厥。但按照心理决定论，总有一种原因隐藏于潜意识之中。

通过研究发现，昏厥只出现在她看见或听到汽车的时候。

但是，这又必须有意义。进一步研究又发现了特殊制造的汽车与不幸的恋爱联系在一起。这样，全部问题就迎刃而解了。我们为一个明显是无缘无故的行为找到了理由。

我们花了较长的时间才涉及本节内容的标题。不过，现在就容易理解弗洛伊德所说的梦到底是些什么了。他指出，和其他每种心理过程一样，梦也有自己的意义。梦不仅仅是偶然的或好玩的，就像小猫在钢琴上弹出的声音。实际上，通过梦我们通常最能发现某种我们没有意识到的愿望。

例如有这样一个案例。一名英国寄宿学校的男孩梦见他去伦敦看女王。这意味着什么呢？女王是一位至高无上的权威人物，或者就像是维多利亚时代的女王一样。而在这位男孩生活中相应于女王的权威人物则是他的母亲。因此，这位男孩非常平常地自言自语说："我想去看我的母亲。"

为什么他不简单地直接梦见他是回家看母亲呢？因为，在英国学校中，这会被认为是懦弱的事情，因而他是不会承认这种愿望的存在的，甚至对他自己也是如此。这样他就必须用奇装异服来伪装其思想。事实上，梦者就处在一种特殊的神经条件下，他多次做了同样的梦，最后使他开始心烦意乱。因此，他告诉了自己的家庭医生。家庭医生虽然不知道弗洛伊德，但却十分了解这个男孩，小男孩被安排回家一次，就完全恢复了。

根据弗洛伊德的观点，几乎所有的梦都以一种迂回的方式或象征的方式表现出来。他总是说，一个梦总表达一种或另一种愿望，尽管这种愿望通常是十分难以觉察的。父母被表征为国王和王后，兄弟姐妹则以小动物如兔子的面貌出现。出生表现为水，死亡表现为在旅行或在火车上。他把很多梦都解释为具有性的意义。我们所看见的性驱动都十分强烈地表现在日常生活中，因而更有可能表现在梦中。

让我们再举一例。一位年轻的大学生梦见自己在一间房子里，注视着自己的心灵。而心灵则被人用小钉子钉在天花板上，人们在其下面穿过房间，并向他的心灵投掷东西，这对心灵很有伤害。

这说明了什么？

因为这位年轻人比其他学生岁数要大些，打过几年的仗。他现在和一群年轻人生活在一起，这些人的幼稚行为常常令他十分生气，尤其是他痛恨缺少隐私。因此，他的梦完全是人们伤害了他最为细腻的情感和志向这一事实的象征性体现。人们对他十分亲密可能是为了能够刺探他的私人生活。没有什么比一个人的心灵更为隐秘的了。如果这个梦是以自由诗歌或其他什么形式出现，那么没人会对这种想象产生怀疑。诗歌也许可以这样写：

众人身边过，事物砸向我，
尖物利器伤我魂。
我魂素洁如白鸽，

怎奈众人却伤之。

这些几乎就是梦者的原话，因为梦者总将梦与自己联系起来。

我们为什么做梦？按照弗洛伊德的观点，答案是十分有趣的。我们通常不喜欢做梦，因为我们认为梦干扰了我们的晚间休息。但事实上，正是梦使我们睡得香甜。梦就是以这种方式发生的。

假设我在早晨躺着没有进入深度睡眠，外面有人正在用剪草机修理草坪。假如我听到声音，并觉得到该起床的时间了，那么我的睡眠就会被打断。很显然，如果我想继续睡觉，那么我自己就不承认我听到的是剪草机的声音。但同样的声波还是进入我的耳朵，冲动开始刺激我的听觉神经。于是，我要想继续进入梦乡，只能把听到的声音当作另外的声音，而不是花园中剪草机的声音。下面就是我所梦见的一切：

“早晨我在我母亲的花园中，此时通常是附近一个大操场剪草的时间。我半睡半醒，思忖着我还能在这儿再休息一会儿……”

在这个梦中，我们看到真正的事实是如何被歪曲的，梦的加工巧妙地使愿望迂回产生。虽然辨别出了作为起床信号的声音，但我实际上把它解释为我不必起床的信号。情况明摆着，我在家时，就是在休假（做梦时我也应该是这么想的）。休假时，我就起得很迟。因此，我们大多数人都喜欢回到从前的日子，那时我们可以去母亲家里休假。

让我们再举一个能按照弗洛伊德的原则来解释的梦例。

一位已婚的妇女梦见她正在把一只飞出的杜鹃塞进一个软垫子中。与她住在一起的婆母（只是在梦中，而非真的）马上大声叫喊：“把它赶出去，它会给家里带来不祥之兆。”她立即就把鸟赶飞了。

这个梦如何解释？其核心形象是杜鹃。在许多语言中，杜鹃是一种特殊的鸟，它常常侵占别的鸟巢，这一象征通常是与婚姻不忠贞联系在一起的。因而这种解释就是有人引诱这位女士，但她又要尽量避免做不称职的妻子。她的婆母自然是要维护其丈夫的利益。当给予她这种解释时，她立即就承认这种情况出现过。实际上有一位朋友曾用其吸引力烦扰过她。就在做梦之前的晚上，她还想到她必须阻止这种事情发生，因为它可能容易产生痛苦，她对自己说：“所有痛苦都是始于这件事情。”

按照弗洛伊德的观点，梦都有确定的意义，它们一般产生于潜意识。它们以象征的方法表达了愿望。通过解释一个人的梦，我们常常能告诉他，在他的潜意识里都有些什么。

我们能相信弗洛伊德对梦的解释吗？有许多心理学家都声称，弗洛伊德在阐述所有的梦都是表达一种愿望时，是夸大了其理论的某些成分。有些人认为，他并没有证明他所说的所有心理过程都具有确定的心理原因。大多数人不相信这种潜意识理论。但是，所有的人都承认要感谢他对梦的研究以及它们所包含的象征意义。所有的人都承认由于他不懈的思考和观察，心理学才有所改变，并趋向于更加完善。

这毕竟是任何一位心理学家所能获得的最高赞誉了。

第五节　什么是精神分析

精神分析治疗中所使用的方法是十分有趣的。这种治疗始于1892年，最初的目的是试图发现癔症或其他病症中所隐藏的意义。一个著名的病例是，一位女士持续体验到饼干的焦糊味。除此之外，她完全没有其他嗅觉。而且，她还被其他多种痛苦症状所困扰。

这一病例中的问题就是要找出这种持续不断的味道的意义所在。按照弗洛伊德的假设，这种味道必然具有一定意义，因为他认为所有的心理事件都具有某种意义。因此，他就向这位年轻女士提出有关这种气味的问题。

首先，她把这一气味与收到的一封信联系起来，并且把它与一定的情感联系起来，这种情感是她在某种特殊场合照看某些孩子时表现出来的，此时就会闻到饼干的焦糊味。进一步提问又得到了这样的事实，那家房屋的主人曾向她安排过她的差事，并说仰仗她来支撑起这一没有母亲的家庭。与此同时，她开始爱上了他，后来又发现她必须压抑这种不断增加的情感。这种奇怪的嗅觉现在就变得清晰起来。她对感情的全部记忆都进行了检查，她不能使自己沉溺于这种记忆中；但与饼干的味道相联系的那部分情景并没有受到限制。结果，我们发现，这一气味硬是越过了障碍（姑且这么说）占据了她。

这个奇特的故事经历了许多变化，所说的这件小事只是其中之一。每作一次解释都带来一定程度的释放，而释放之后又会有新的坦白。这种通过谈话的治疗方法就是所谓的宣泄或净化方法。通过将一些引起痛苦的、难以控制的经验碎片引入病人的意识状态，就能使这些不和谐的心理成分形成一个融合体，极似前文已描述过的双重人格病例。

在那时，弗洛伊德假设，这种病症的原因就是伴随这种特定经验的情绪没有表达出来。因而，治疗就是试图使最初的情景尽可能生动地再现出来，让高涨的情绪尽可能地表现出来。通过这种情绪宣泄，治疗就算是完成了。因此，宣泄一词就是指一种情绪净化。布罗伊尔大夫指出，作为病根的那些痛苦记忆是患者在正常的生活中意识不到的，然而却总能追溯到情绪被压制的某些经验之中。

这就是最初的精神分析方法。它的目的在于再现过去的经验，释放被封闭的属于病症原因的情绪表达，从而使心理恢复到正常。这种释放被压抑的情绪的过程就称为宣泄或“疏泄”。

这种简单的理论不久就被放弃了。因为人们发现许多神经症病例并不能追溯到这种单一的情绪再现。这种病症不是由患者具有的简单确定的原因所引起的，而是产生于那些难以觉察的始因，例如无数家庭中那种紧张的气氛。因此，完全不可能确切指出到底哪件事是肇端。此外，在许多案例中还发现，情绪“疏泄”时的过分紧张也产生了实际的伤害。

因此，弗洛伊德修正了最初相当粗糙的理论。他和其他一些主要的精神分析学家采用一种难度更大的方法，即从历史的观点出发对病史加以周详的考虑。儿童时代的记忆被唤起，病因就在这里，而且总在这里。因为只有通过研究事物的起源，我们才能真正地理解它。我们就是要努力找到这种持续存在的症状的原因，无论人格是多么竭力地摆脱理性。个体就是一个矛盾体。例如，前述的那位女士为什么不能使自己摆脱那令人不快的饼干焦糊味？为什么另一位女士又会在没有明显的生理原因的情况下止不住昏厥？病人有着令人难受的病症，但是他怎么就无法觉察并去除隐藏在自己精神生活中的病因，从而使自己摆脱沉疴之重呢？

精神分析学家认为原因是双重的：首先，正如我们所见，患者对病况通常是无意识的。因此，任务之一就是使他或她意识到病因。其次，那些引起症状的人格小碎片，本身就被障碍或抵抗包裹着。只要分析者触及痛处，病人就发现他自己改变了主体。而且，如果分析者初显成功的话，患者就会产生一种针对分析者的明确抵抗。反叛的部分（姑且这样说）奋力抗争以求一席之地，就像普林斯大夫病案中的那种人格分裂。就这样，我们听到了弗洛伊德的呐喊：正是患者竭力遮蔽的事情才是最重要的，对治疗竭力进行抵抗是不变的常规！

因而，如今分析者的主要目的就是粉碎这些真正使人格分裂的种种抵抗。这一过程曾被弗洛伊德称为一种后继教育。个体总要与自己相符合，就像早年的圣徒与上帝的人神合一。恶性肿瘤般发展的抵抗被去除后，和平取代了战争，和谐取代了紧张，效率取代了摩擦。

我们已经以较长的篇幅介绍了精神分析治疗，因为它似乎代表了心理学和通常所谓的“神经症”理论在当代的一个最有趣味性的发展。对由弗洛伊德所开创的这场无所不及的运动的全面阐述还必须包括对他的梦理论的更加充分的讨论。对于这一理论我们只是初步涉猎。这种阐述还必须涉及他的艺术理论、宗教理论、幽默理论、关于潜意识发展的观念、性的作用以及许多其他思想。所有这些都是有吸引力的主题，并已在许多书中（包括通俗的和专业的）得到了充足的论述。但是，关于治疗的一般理论似乎是最基本、最典型的内容。就像该理论的其他各个部分一样，它也遭到了一些著名心理学家的反对，并且，也被许多庸医错误理解和错误引用。他们发现弗洛伊德心理学是从事伪科学赚钱的便捷途径。

在下文中，我们必须讨论一下这场运动的价值，让后人去作定论吧。

第六节　自卑感

精神分析运动得到如此广泛的传播和热情的接受或激烈的拒绝，以致弗洛伊德的理论不可能裹足不前。这一理论的发展将由那些反对创始人观点的人们去推动。一个旨在推翻自己身边的心理学思想整体结构的人，大可不必因某些碎片失控乱飞而感到吃惊。试图全盘否定的人往往发现，自己就像一个男孩把一辆自行车拆成零件，待他重新将车装好之后，仍剩下一堆部件。

实际上，弗洛伊德的一些追随者们认为，弗洛伊德在他的理论结构中，没有说清楚所有的事情。他们总体上同意他的观点，但又认为他过于忽视了某些重要的因素，而在对人类心理（包括健康的或病态的）的正确说明中，这些因素是必须考虑的。

在这些持异议者中，阿尔弗雷德·阿德勒也许是最让人感兴趣的一位。阿德勒的观点简述如下：每位神经症患者，也就是说，每一个有着所谓的“神经”疾病的人，都在追求一种想象的目标，而这个目标总是一成不变的，即“愿做一个完美的人”。

让我们来解释一下。不久以前，有一个年轻人总是被一个重复的梦所困扰。在此梦中，他在赛跑，他开始跑在前面，但不久就被其他人超过。这个梦伴有明显的痛苦情感并隐隐约约地感到这种情感很重要。

对他作了询问之后，事实表明他当时正在上大学，并且是一位学生领袖，但是，他觉得当时他落后于以前曾被他击败的人。从神经症的观点来看，这位年轻人完全是健康的，并且的确是大多数美国成年男子的典型例子。他承认不甘落在人后。然而除了接受这一事实之外，他似乎无力改变这一切。

在这个案例中，一个十分健康的心理预防了严重的毛病。然而假设这个毛病很早以前就开始了。假设这个病案的患者是一位独生子，大约七八岁，家庭教育使他相信自己是最聪明的孩子。也许他是在家中接受教育的，并被引导去藐视那些成绩不可与他同日而语的人。因此，上学以后，他吃惊地发现竟然还有别的孩子与他同样聪明。或者更糟的是，他人实际上超过了他。他立即开始努力表现自己，好似他才是真正的优秀者。同时，一场严重的冲突开始了。如果不加以明智地处理，这会产生严重的神经毛病。

假设促使他努力的并不是这一“心理”理由，而是一个生理原因。因为这种或那种原因，他身体上的某种器官发育或许欠佳，也许是先天性心脏瓣膜缺损。几乎是一开始与其他孩子发生联系时，他就注意到别人能行的事，他却不行，因为他比别人更易疲劳。

因此，他立即感到自己和其他的孩子不一样。所以，阿德勒的观点表明，当一个器官自卑时，其他器官也十分容易自卑。这样，我们就勾画出一个儿童，他生活的起点在于发现其他儿童都能做他不能做的事情，发现他们以某种无法言说的和神秘的方式超越了他。简而言之，发现他是一个自卑的人。

由于起点如此，所以他的所有努力和所有想法都集中于这一点上，即他的自卑感。他最热切的愿望就是能像他人一样。阿德勒指出，每个儿童都会细心地评价自己的价值。无论是长相丑陋的孩子还是娇生惯养的孩子等，都会发现自己想要什么。阿德勒让我们看到了那些有着诸如胃病这类缺陷的儿童所遭受的折磨，这些孩子都会小心翼翼地吃东西并受到其他孩子的轻视；我们还看到了患有皮肤疾病的儿童遭遇的折磨，这类毛病会使某个人成为他人反感的对象。这类儿童渐渐变得孤僻，遭人误解。因此，这样的儿童会想象自己遭到父母、老师的轻蔑。感到自卑的同时，他又确定了一些行为准则，用以对抗外界，保护自己。长大以后，他常常就是那种因自己的“准则”而感到自豪的人。这些准则是他无论如何都必须坚持的。自己的孩子犯错误时，这种人也不会“与邪恶相妥协”，他会将孩子赶出家门，当然也会接受他们的悔过以及克服缺点的诚意。当然，正常人也有自身的准则，只不过这些准则不像神经症者的那些准则是固定不变的。正常人是其行为准则的主人，而神经症者则是其行为准则的奴隶。

由于强烈渴望证明自己的优越，神经症者往往害怕以平等的关系来接触外界。他心中有某种难以消除的猜疑，即道路对他可能会平坦些，这样无论如何他也不必为自己的行为负全责。他对自身的缺陷害怕透了，以致不辞千辛万苦去准备，以便在与他人的实际竞争中一比高低。这与正常人的行为完全不同，因为正常人已形成了自己的观点，可能不太考虑某些竞争的结果。同样地，神经症患者永远都是在现时去打未来的折扣。同时，他又不能享受现时的好处，因为他害怕明天之后他又会被剥夺这一切。他总是遭受对失去财产、失去工作或失去地位的恐惧的折磨。他害怕生活，因为他觉得自己对生活毫无准备。

最有趣的是，他试图通过假装相反的情感特质来隐藏其真正的情感。因而，一种情况通常是用咆哮来掩盖其羞怯。他披上凶猛的铠甲以掩饰自己的胆小。他狂热地追求那些寻常之人，以证明他并非有什么“不同”。如果他性格内向，他就会用一种嘻嘻哈哈过于随便的热情来折磨自己。如果他鄙视调情，他会立即想到这可能正好表明了自己的“怪异”，因而他便与某位异性搞起对象来，从这里他幸运地逃向婚姻这一安全的彼岸。

普罗米修斯被锁在岩石上，而神鹰则撕扯他的心脏，作为对他大逆不道盗取天火的惩罚，这正是一幅这类人受苦受难的画卷。他们常常都是最高层次的人，甚至是天才，但是总摆脱不了内心的煎熬和痛楚，即他们与别人不一样，并像抓救命稻草似的追求常性。这正像神话中的普罗米修斯，伤口允许长好，但只是为了让他再次受到新的折磨。因此，神经症患者不断地排遣痛苦，结果只是伤口愈合后，一切又重新复发。

因此，一种缺陷可以通过逆向的努力来补偿。著名的例子是口吃者狄摩西尼[①]，为了补偿他的缺陷，刻苦努力练习，这使他终于成为那个时代最著名的演说家，也许还是全世界最伟大的演说家。但在明显流畅和熟练的演说词背后却潜伏着某种不自然和紧张的缺点。他的对手埃斯基涅斯[②]嘲笑他的演说“有着油灯味”[③]。他的演说是一种人为的流畅，这种流畅是通过大量准备而非因天赋获

① 狄摩西尼（Demosthenes，公元前385—前322），古希腊演说家和政治家。——译者注

② 埃斯基涅斯（Aeschines，公元前389—前314），雅典演说家，也是狄摩西尼的对手。——译者注

③ 埃斯基涅斯以此嘲笑狄摩西尼挑灯夜战，狠下苦功。

得的。

通常，自卑感都有其社会基础。我们以一个女孩——一个小店主的女儿为例来说明。她生活在英国的一个小镇，在这里，社会声誉十分重要。这里绝大多数人都属于富裕阶层，只有其父亲的职业才是社会地位卑贱的。按照阿德勒所描述的，在最初她或许有某种真正的器官自卑，但是她的自卑感因其社会地位而加剧。此外，她的父亲是一位专制、严厉并有野心的人，她怀疑自己不能达到他期望的标准。这种人的历史几乎是可以预言的。她的学习成绩不好，因为她坚持与智力比她好的学生竞争。几次失败就超出了她生理和心理上的承受能力，因为她不赞成把她定位在“上帝乐意召唤她的生活位置”上。接下来便是不断地摆来摆去，一会儿想“降低标准，真诚恭敬地向强者看齐”，一会儿又力图证明她与那些社会地位和心理优越于她的人平起平坐。她在心理上原谅了自己情绪上的失败，而这种失败在他人看来则源于她父亲“过于夸大的”野心。同时，她也从未看到，自己事实上也是野心勃勃的。最后她离开旧时的邻居，在某一“体面人家”谋了份差事。战争爆发后，她成为一名护士。这在英国有很高的社会声望，因为“最最体面家庭”的女孩子也从事这个职业。

可以说在许多英国小镇典型的英式社会等级中，都有着一个庞大的“自卑情结”。佣人的女儿觉得自卑，举手投足都好像比不上那些小店主的女儿们；而小店主的女儿们在半职业人员面前又有类似的自卑感；半职业人员如拍卖师或稍大一点儿的商人在陆、海军退休官员面前也有自卑感。如果还有什么的话，则按社会等级向上类推。最终，这些人又都差于当地的土地拥有者，而土地拥有者又觉得自己的阶层低于碰巧住在邻近的某位贵族人物。在美国，社会地位的自卑感似乎没有在诸如古老文化这样确定的心理色调中反映出来。社会优越感的确存在，但这在爱尔兰习俗中并非意味着一种相应的自卑感。

当我们开始理解诸如法国大革命、俄国灾难以及英国过去50年的历史这类事件的心理学时，我们会发现，自卑情结在动乱中所具有的作用大于大多数历史学家所能想象的，革命通常是由经济动机引发的心理上的革命。美国可以很好地庆贺自己有能力在相当程度上，在大西洋彼岸保存了这种特殊的心理学。

第13章

结束语

意识是我们自己可以进入的内部圣地，但我们却又不能带任何一个人踏进这一圣地；内部自我永远不能展示于人。因为每当我们试图去展示时，它似乎就变成了乌有之物。

这正是我们以开阔的手笔勾勒出的人类心灵的图景。人类通过天生的感官接受外界信息，并主要根据我们已有的经验储存，以这样或那样的方式来选择和解释这些信息，其中有些信息会产生行动；有些信息则由于过去经验或先天遗传的提示，不会引起行动。我们都是我们自己以及那些遗传给了我们身体的人的产物。

那么，生活在这个世界并认识这个世界的究竟是什么东西呢？我们对我们之外的一切能否意识或觉知呢？对牙疼的自我感受与看到他人在牙疼时的行为表现之间的差异是什么？这也是一个斯芬克斯之谜，是一个永远不能被解答的谜。很多科学家都说过：“世界上除了以这种或那种方式所表现的行为之外，意识、认识或心灵图景究竟是什么？请告诉我，除了行为之外，您的心灵究竟是什么？”

因此，这是一个永恒的难题。因为如果这个问题被回答了，那么马上就可以说："你正在说话或书写，而这正是行为。"所以，谁知道了牙疼的感觉是什么定会令人惊讶不已。离开某种行动，他就答不上来。但如果他做出了行动，立即会有人告诉他，他对世界的意识，对周围事物的觉知，仅仅是行为而已。

那么，有人可能会说，甚至在没有外部表现的情况下，意识到的也绝对是行为。他们会说，当我们思维的时候，我们的身体以及身体上的腺体和肌肉都会发生微弱的活动，那的确就是我们真实的思维。[①]但又从来没有实验证明过存在真正解释我们思维的微弱活动。因此，假如没有的话，那么身体的变化就可能***不是***思维，它们可能是思维活动的身体伴随物。

我们每个人的内心世界——意识就像一个不可揭示的秘密。秘密一旦被道破便不再是秘密，意识一旦被揭示也就不再是意识而是行为了。意识是我们自己可以进入的内部圣地，但我们却又不能带任何一个人踏进这一圣地。因为如果我们试图这样做的话，意识之门会将外来者拒之门外。而且，我们会发现自己在门内，而外来者则在门外注视着这扇大门。因此他会说，我们所认为的圣地不过是一道大门在不断地摆动着的门径。因为每当我们试图带他进去时，他总会看到扇扇大门在不停地摆动，然而每当众门不动时，他总是在门外。

内部自我永远不能展示于人，因为每当我们试图去展示时，它似乎就变成了乌有之物。

我们要带着这个谜，搁下我们所讲的故事。尽管故事讲得简略片面，但是我们对许多人始终都深怀敬意。正是他们的辛勤劳动，才使这个故事成为可能。许多内容没有讲，相反，许多或许本不该写的内容却写上了。这只是因为故事讲述者偏爱这些内容罢了。君不见，人总是以友谊为先导来与他人交往，写故事也同样如此啊。

---

①这是行为主义创始人华生的观点。

译后记

本书的作者乔治·汉弗莱（George Humphrey，1889—1966）是英国著名的心理学家。他生于英格兰东南部的肯特郡，卒于英国剑桥市。汉弗莱于1920年获得美国哈佛大学的心理学博士学位。1920—1924年任教于英国的美以美教会大学，1924—1947年转赴加拿大的女王大学任教，并于1942—1944年担任加拿大心理学会主席。1947年又回到自己的祖国，执教于著名的牛津大学。从1948年起，担任该校的实验心理学研究室主任，直到1956年退休。

本书是汉弗莱早年所著的一部旨在帮助普通读者了解心理学的通俗读本。作者用类似讲故事的形式向读者阐释了一系列心理学知识，试图揭开人类心灵或意识的斯芬克斯之谜。该书具有三个特点：一是通俗性，二是趣味性，三是系统性。通俗易懂是本书的一个重要特点。作者并没有向读者陈述多少高深的心理学原理，而是讲述了一系列简明的心理学故事。对书中出现的一些专门的心理学概念和术语，作者也没有采用通常教科书下定义的方式加以解释，而是以深入浅出的例子或比喻来阐述。生动有趣是本书的另一个特点。全书所采用的故事、例子和比喻，大多数来自人们的日常生活经验，经过作者生动的语言加工，读起来饶有趣味，往往激起读者继续读下去的愿望。不过，作者在追求通俗性和趣味性的同时，并没有损害本书所阐述的心理学知识的系统性。从全书的内容上看，本书涵盖了心理学的基础知识，具有学科的系统性。

本书由我和我校心理学博士生王国芳主译。我校97级研究生吕航、郭晓薇、王靖、倪伟和俞蕾，在跟我学习“西方心理学的新发展”课程期间，试译了其中的第三、四、五、六、八章初稿，这些初稿由我和王国芳分别统校两遍。剩下的八章由我和王国芳各译四章，并相互统校。我校外国语学院邵迎生先生在百忙中应邀对全书进行了统一审校和润色加工。

郭本禹